技術大全シリーズ

ドライプロセス表面処理大全

関東学院大学
材料・表面工学研究所 編

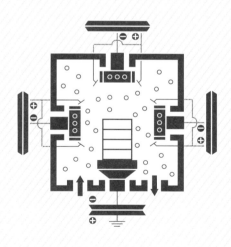

日刊工業新聞社

はじめに

　現在、私たちの身の回りには表面処理を用いた製品がたくさんある。しかし、表面処理が施されていることには、なかなか気づかないことが多い。製品の直接目に見える個所に施される場合もあれば、目に見えない製品内部に施される場合もある。

　例えば、次のような製品に表面処理は使われている。スマートフォン・携帯電話、めがね・カメラのレンズや金属フレーム、電気製品の集積回路をはじめとする多くの電子部品、液晶、有機 EL などのディスプレイ、電卓の太陽電池やディスプレイ、腕時計のケースやバンド、磁気ディスク・磁気テープ、CD、口紅のキャップなど、いろいろな製品において、表面処理は主役や脇役として、あるいは黒子的な存在として、その役割を果たしている。

　「表面処理（surface treatment または surface finishing）」という用語は、『材料表面の性質を高めるために施される加工法』をいうが、最近では、「表面改質（surface modification）（広義）」と言われることも多い。表面処理が施される材料は、「基板（substrate）」と呼ばれる。

　基板に施される表面処理には、大きく分けて2種類ある。1つは、『地面に雪が降り積もるように、外部から何らかの物質が基板表面に積まれていく方法』である。この積まれてできる層は、「膜（film）」と呼ばれる。この膜も、その厚さにより「薄膜（thin film）」と呼ばれたり、「厚膜（thick film）」と呼ばれたりする。この薄膜と厚膜の境の厚さは決まっていないが、5 μm であったり、10 μm であったりする。この表面処理の方法を、「堆積、デポジション（deposition）」という。

　もう1つは、『例えが良くないかも知れないが、切ったりんごの表面が時間とともに茶色に変色して行くように、基板自身が外部と反応し、化学変化を起こし、内部とは変化した層が基板表面にできていく方法』である。りんごの場合は、含まれているポリフェノールが酸素と反応し、茶色く変化した層が形成される。金属の場合には、空気中の酸素や水蒸気と反応し、酸化物層あるいは水酸化物層が表面に形成される。ステンレス鋼の場合の不働態皮膜やシリコンの場合の自然酸化膜は、空気中に置かれただけで、自然に形成さ

れる。このような表面処理法を、「表面改質（狭義）」という。この場合も、表面に形成される層は、薄膜であったり厚膜であったりするが、薄膜の場合の方が多い。この他に、表面に形を形成する「表面加工（surface processing）」がある。これはパターニング（patterning）とも言われ、表面に何らかの形を形成する。ここでは、フォトリソグラフィ（photolithography）、エッチング（etching）などの技術が使われる。この表面加工も、表面改質（狭義）の一種ということもできる。

　表面処理は、使う環境により次の2種類に分けられる。1つ目は、「ウェットプロセス（wet process）」であり、水溶液や非水溶液を用いて加工を行う。2つ目は、「ドライプロセス（dry process）」であり、真空、大気圧、高圧などの状態下で加工を行う。ウェットプロセスの代表として「めっき」があり、本書の姉妹書『めっき大全』（日刊工業新聞社、2017年）に述べられている。本書では、ドライプロセスによる表面処理を扱う。

2018年8月

高井　治

目　次

はじめに

第1章　ドライプロセスの基礎

1.1　真空技術 …………………………………………………… 9
1.2　プラズマ技術 ……………………………………………… 12
1.3　基板技術 …………………………………………………… 23
1.4　評価技術 …………………………………………………… 26

第2章　ドライプロセスの特徴と種類

2.1　ドライプロセスの特徴 …………………………………… 30
2.2　ドライプロセスの種類 …………………………………… 32

第3章　物理蒸着（PVD）法

3.1　真空蒸着 …………………………………………………… 38
3.2　イオンプレーティング …………………………………… 49
3.3　スパッタリング …………………………………………… 56

第4章　化学蒸着（CVD）法

4.1　CVD ………………………………………………………… 72
4.2　プラズマ重合 ……………………………………………… 83

第5章　ドライプロセス表面加工法

5.1　エッチングの用途と種類 ･････････････････････････････････ 92
5.2　等方性エッチングと異方性エッチング ･････････････････････ 94
5.3　薄膜エッチングの特徴 ･･･････････････････････････････････ 95
5.4　ウェットエッチング ･････････････････････････････････････ 96
5.5　ドライエッチング ･･･････････････････････････････････････ 98

第6章　ドライプロセス表面改質法

6.1　ドライプロセスによる表面改質 ･･･････････････････････････ 102
6.2　無機材料のプラズマ表面改質 ･････････････････････････････ 102
6.3　高分子材料のプラズマ表面改質 ･･･････････････････････････ 105
6.4　イオン注入 ･･･ 106

第7章　ドライプロセスの応用

7.1　機械的機能膜 ･･･ 110
7.2　光学的機能膜 ･･･ 118
7.3　電磁気的機能膜 ･･･ 130
7.4　化学的機能膜 ･･･ 133
7.5　生物・医学的機能膜 ･････････････････････････････････････ 163

第8章　機能性薄膜

8.1　DLC膜 ･･･ 168
8.2　透明導電膜 ･･･ 183
8.3　自己組織化単分子膜（SAM）･････････････････････････････ 197

第 9 章　ドライプロセスの最新技術・研究

9.1　コーティング法・装置……………………………………………………216
9.2　薄膜の構造・評価…………………………………………………………239
9.3　応用技術……………………………………………………………………258

参考文献……………………………………………………………………………271
索　引………………………………………………………………………………277

第1章

ドライプロセスの基礎

　ドライプロセス表面処理技術（単にドライプロセスという）は、めっきを中心とするウェットプロセスとともに、産業界にて表面処理に、また薄膜材料形成に広く使われている。私たちは、ドライプロセスを用いた身近な製品に囲まれていると言っても過言ではない。このドライプロセスを支える（1）真空技術、（2）プラズマ技術、（3）基板技術、（4）評価技術について述べる。

第1章 ドライプロセスの基礎

　ドライプロセス表面処理技術により、処理する基板に新しい機能を付加させることができる。また、形成される薄膜を、新しい材料を開発する場として役立てることもできる。**図1.1**に示すように、材料設計あるいは分子設計に基づき、新しい機能や材料を開発していくことが重要である。

　本章では、ドライプロセスの基礎として、真空技術、プラズマ技術および基板技術につき概略を述べる。

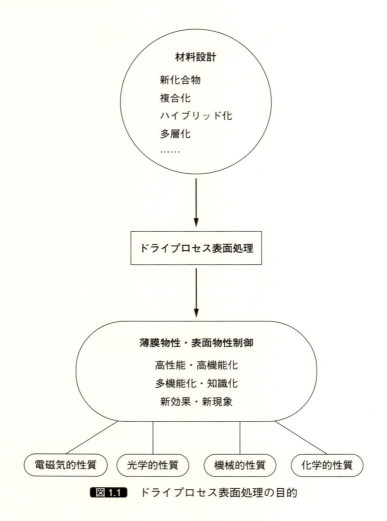

図1.1 ドライプロセス表面処理の目的

1.1 真空技術

　ドライプロセスでは、真空（vacuum）、大気圧、高圧を使うが、真空を使うことが多い。

　真空とは、通常の大気圧（20℃で101.3 kPa（≒10^5 Pa））より低い圧力の気体で満たされた空間の状態と定義される（日本工業規格 JIS Z8126-1：1999）。

　圧力のSI単位はPa（パスカル）である。従来よく使われた単位Torrとは、1 Torr≒133.322 Pa≒100 Paの関係がある。また、1 Torr＝1 mmHgである。

　真空下で表面処理を行うために、またガスの排気を行うために真空プロセスは必要である。図1.2に真空の領域の分類とよく使用されている真空ポンプおよび真空計とをまとめて示す。

　日本工業規格（JIS Z8126-1：1999）によると、圧力の領域により、下記のような名称が用いられる。

　　低真空（low vacuum）　　　　　　：10^5～10^2 Pa
　　中真空（medium vacuum）　　　　：10^2～10^{-1} Pa
　　高真空（high vacuum）　　　　　 ：10^{-1}～10^{-5} Pa
　　超高真空（ultra-high vacuum）：10^{-5} Pa以下の圧力

ただし、10^{-9} Pa以下の圧力の真空を、極高真空（extreme high vacuum）と呼ぶこともある。

　真空にするには、図1.2に記載の真空ポンプが必要である。低真空や中真空の場合、現在、ドライポンプ（ルーツ形、スクロール形、スクリュー形など機構による種類がある）とロータリポンプ（モータと直接つながった直結形が主流）が多く用いられている。ドライポンプの場合、ガスに接する個所に油が使われていないため、油が真空装置に入らない利点がある。ロータリポンプには油が使用されており、油が真空容器中に極めて少量残ることになる。これを避けるには、液体窒素などを用いたコールドトラップを使用する。

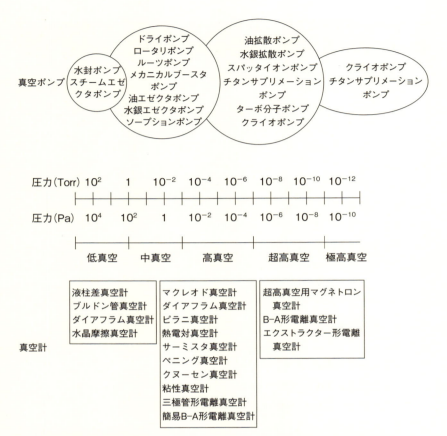

図1.2 真空の領域の分類とよく使用される真空ポンプおよび真空計

排気速度を大きくするには、メカニカルブースタポンプが併用される。

　この他、油を用いないポンプとしては、ソープションポンプがあり、吸着を利用している。このポンプの場合、吸着を利用しているため、水素やヘリウム、ネオンなどの不活性ガスはほとんど除去できないので、取り扱いに注意が必要である。

　表面処理、特に薄膜作製で用いられる高真空や超高真空にするには、1つのポンプで一度にこの状態にすることはできない。まず、粗引き用のドライポンプ、ロータリポンプなどで中真空にし、これから油拡散ポンプやターボ

分子ポンプに切り替えて、高真空あるいは超高真空にする。油拡散ポンプの場合、油残留の問題が残るため、コールドトラップを使用する。ターボ分子ポンプでは、油を使用していないため、この問題はない。また、クライオポンプ、イオンポンプ、チタンゲッタポンプも超高真空用に使用される。

　真空の度合いを測る真空計についても、真空の全域で使用できる1種類の真空計はない。各真空領域に適した真空計が開発されている。

　低真空〜中真空では、ガスの種類によらない計測ができるダイヤフラム真空計（隔膜真空計：キャパシタンスマノメータともいう）、ピラニ真空計、水晶摩擦真空計（水晶真空計、クリスタルゲージなどとも呼ばれる）などが、中真空〜高真空では、各種電離真空計（熱陰極形（B-A形）、冷陰極形など）が、超高真空では、超高真空用の電離真空計が多く使用されている。

　真空プロセスによる表面処理では、より高性能の真空ポンプを用いることが良質の膜を得る、あるいは良質の表面改質を行うのに必要である。ただし、経済性との兼ね合いから、その使用は制限されることが多い。多くの場合、装置に吸着した水が悪影響を与えている。

　1×10^{-8} Paの真空では、分子密度が266万/mL、平均自由行程が679 km、入射頻度が285億/cm^{2}である。ここでは、1分子層を形成するのに4時間掛かる。このように超高真空下では、

（1）輸送現象において散乱の影響がない
（2）衝突反応、主として酸化が無視できる
（3）蒸発温度が低下し、吸着ガスを追い出せる
（4）清浄表面が長時間維持できる

などの特徴がある。

　このため、酸化を防ぎ、不純物の少ない高品質の膜を作製するには、超高真空を用いるのがよい。

1.2 プラズマ技術

　プラズマ（plasma）とは、『正・負の荷電粒子を含み、全体として電気的にほぼ中性を保つ粒子の集団』をいう。固体プラズマや液体プラズマも存在するが、ここでは気体プラズマのみを取り上げる。
　このプラズマ中には、(1) 電子、正・負イオンなどの荷電粒子、(2) 中性原子・分子、ラジカルなど、および (3) 放射される光子が存在する。これらの粒子の存在のため、プラズマを用いると、反応を (1) ドライ、(2) 低温、(3) 高速の条件下で行わせることも可能になる。また、励起状態を用いた化合物の新しい合成が可能となり、プラズマの表面処理への応用が有効となる。プラズマ中からイオンのみ、あるいはラジカルのみを取り出し、イオンビームやラジカルビームとして使用することもできる。プラズマから、あるいは他の光源から光を取り出し、光を反応に用いることも行われる。
　表面処理に用いるプラズマは、現在主として放電によって生成される。プラズマ中の各粒子に対し温度が定義され、求めることができる。**図 1.3** に気体放電における圧力と電子温度およびガス温度との一般的な関係を示す。電子温度が数万Kと高く、ガス温度が数百℃と低いプラズマは低温プラズマと呼ばれ、低圧で発生する非平衡プラズマである。
　この低圧・低温プラズマを表面処理に主として用いる。
　プラズマ分野では電子温度をeVで示すことも多く、1 eVはおよそ11600 K≒1万度に相当する。蛍光灯内のプラズマは低温プラズマで、その電子温度は数eV、数万度という高い温度になっている。しかし、中性の原子に比べ、電子の数が圧倒的に少ないため、蛍光灯は手で触れられるほどの温度を保っている。核融合で用いられようとしているプラズマの温度は、約10 keV、1億度と極めて高い。
　原子や分子を構成している電子に外部から何らかの力を作用させると、現在いる軌道から外側のより高いエネルギー状態の軌道に飛び上がらせたり、

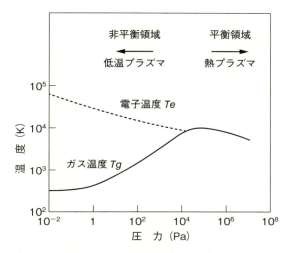

図1.3 気体放電における圧力と電子温度およびガス温度の一般的な関係

さらには、原子や分子から飛び出させることができる。電子が与えられたエネルギーにより外側のより高いエネルギー状態の軌道に飛び上がることを励起という。さらに、高いエネルギー状態に励起されて、原子や分子から電子が飛び出してしまう場合を電離またはイオン化と言っている。

プラズマはこの電離によって生成する。電子と原子や分子との非弾性衝突（原子や分子の内部エネルギーの変化を伴う衝突）により、次のような現象が生じる。

励起　　　　　　　　$e + A \rightarrow A^* + e$
解離　　　　　　　　$e + AB \rightarrow A + B + e$（ラジカル生成）
電離（イオン化）　　$e + A \rightarrow A^+ + 2e$
解離電離　　　　　　$e + AB \rightarrow A^+ + B + 2e$（ラジカル生成）

この際どの現象が生じるかは、原子や分子の種類と電子のエネルギーの大きさによる。分子の解離によってラジカル（1個またはそれ以上の不対電子を有する原子あるいは分子）が生成し、このラジカルはイオンとともに極めて反応性に富んでおり重要である。水素原子Hは最も簡単なラジカルである。励起や電離などに必要なエネルギーは、原子や分子により異なっている。Arの場合、励起エネルギーは11.61 eV、電離エネルギーは15.760 eVである。

水素分子 H_2 の場合、励起エネルギーは 11.47 eV、電子衝突による解離エネルギーは 8.8 eV、電離エネルギーは 15.422 eV である。生じた励起粒子やイオンはまたそれぞれ原子や分子と相互作用を行う。また電子は

  付着 $e + A \rightarrow A^-$
  解離付着 $e + AB \rightarrow A^- + B$

により負イオンを生じさせる。

一方、電子とイオンとが衝突し、結合してイオンの価数が減ったり、元の中性原子や分子に戻ったりする、電離現象の逆過程が起こり、再結合と呼ばれる。

またプラズマを囲む固体容器表面上で電子とイオンとが再結合し、エネルギーを表面に与えるという表面再結合がある。

通常、励起原子の寿命は 10^{-8} s 以下であるが、ある励起原子は大変長い寿命（$10^{-3} \sim 1$ s）を持つ。このような原子を準安定励起原子という。この現象は、光子を放出して自動的に基底状態に戻るような遷移が、量子力学的に禁止されているために生じる。Ar では 11.53 eV と 11.72 eV に準安定状態がある。

準安定なエネルギー準位よりも電離エネルギーの小さい原子や分子 B が、準安定励起原子 A^* と混在していると、

     $A^* + B \rightarrow A + B^+ + e$

のように、これらの粒子間の衝突により原子や分子 B の電離が起こる。この現象をペニング（Penning）効果と言い、2 種類の気体を混合して放電を安定させるのに用いられる。蛍光灯の中に、Ar 以外に水銀蒸気を入れたのも、この効果を利用した放電の安定化のためである。

このように、プラズマ中では、解離、再結合過程をはじめ、各種過程が起こり、イオン、ラジカルなどの活性種が生成し、複雑な反応が進んでいる。図 1.4 に示すように、プラズマ中にある固体表面はいろいろな粒子と相互作用を行っており、これらの粒子はデポジションや表面改質の際に種々の効果を与えている。

表面処理の基礎過程にプラズマ中の各種粒子は影響を与える。特にイオンやラジカルといった活性種は、反応や薄膜の成長過程（エピタキシーなど）に影響を与える。例えば、プラズマ中の基板は負にバイアスされ、ポテンシ

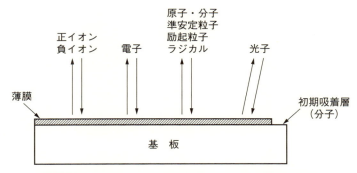

図 1.4 プラズマ中の固体表面における各種相互作用

ャルを生じ、イオン衝撃による効果などが生じる。一方、イオンによる照射損傷を受けるため、この損傷が問題となる場合もある。プラズマによる損傷が重大な問題となる場合には、レーザや水銀ランプなどの光源からの光を用いた光励起プロセス技術を用いることもできる。

さて、どのようなプラズマが表面処理に用いられているのであろうか。

グロー放電、コロナ放電、アーク放電によって発生したプラズマを、表面処理に使用することができる。このうち、グロー放電が最もよく使われており、この放電について説明する。

ここで、放電に使用できる電磁波の周波数帯と、光源として使用できる電磁波の波長域とを**図 1.5** にまとめておく。

グロー放電を発生させる方式は、用いる電波の周波数によって異なっている。直流（DC）、高周波（ラジオ波：RF、13.56 MHz、27.12 MHz）およびマイクロ波（2.45 GHz）が多く使用されている。この他、交流（AC、50 Hz、60 Hz）も用いられることがある。また、高周波の場合、上記の電波法で許可されている周波数以外の周波数を使用することも行われている。

使用する電波により、プラズマを発生させる電力の供給法は異なっている。代表的な方法を**表 1.1** に示す。

高周波放電の場合、電源より反応器までは**図 1.6** に示す回路となっている。高周波電源の出力を能率よく負荷に伝達するために、電源と負荷のインピーダンスをマッチングさせる必要があり、可変容量コンデンサとインダクタンスコイルからなるマッチング回路が用いられる。反応器への入射波と反射波

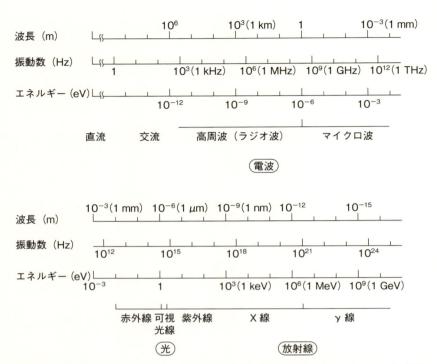

図 1.5 ドライプロセスにおいて使用される電磁波の種類および波長、振動数、エネルギー

の電力を測定し、マッチング回路により、反射電力がゼロになるよう調整する。手動でなく、自動で行う自動マッチング回路も使用可能である。

マイクロ波は 300 MHz～300 GHz という周波数領域にある電波の総称である。マイクロ波技術は、レーダー、通信、電子レンジなどに用いられ、現在私たちに身近な存在となっている。このマイクロ波を用いた放電プラズマ技術はいろいろな分野で研究が進み、応用範囲も広がっている。特に、マイクロ波の電力を局所的に供給できる、外部空間への放射損失をなくせることなどにより、プラズマの電子温度を高くすることもでき、電子、イオンおよびラジカルの密度を大きくすることができることによっている。

マイクロ波放電の場合、キャビティ、導波管、アンテナ、電磁ホーン、はしご形遅波回路などを用いて反応器内のガスに電力を供給する。よく使われ

1.2 プラズマ技術

表1.1 低温プラズマの発生法

放電の種類	プラズマへの電力の供給法		
直流（DC）			
高周波 （ラジオ波、RF）		無電極	内部電極
	容量結合		
	誘導結合		（容量結合）
マイクロ波			

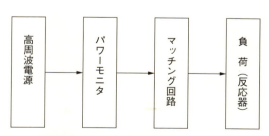

図1.6 高周波プラズマ発生システム

第1章 ドライプロセスの基礎

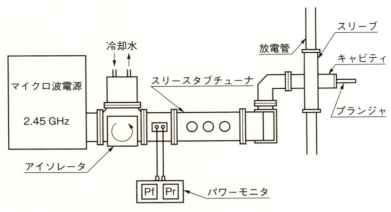

図1.7 マイクロ波プラズマ発生システム

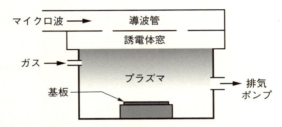

図1.8 表面波プラズマ生成装置（スロットアンテナ形）

ているキャビティを用いた場合のマイクロ波プラズマ発生装置を**図**1.7に示す。また、**図**1.8に示す表面波プラズマを生成することも可能である。これにより、大面積の均一なプラズマを作ることができる。

使用するプラズマの種類により、プラズマ中の電子の密度や温度は異なっている。**図**1.9に、表面処理で使われるプラズマの電子エネルギー（電子温度）と電子密度の領域を示す。このように使用する放電により、また放電プラズマ中での位置により、目的とするプラズマを得ることができる。

これらのプラズマを用いて、プラズマ表面処理システムを設計することができる。ドライプロセス表面処理システムに関与する因子を**図**1.10にまとめて示す。真空・ガスシステム、プラズマシステム、基板表面システムは相関しており、表面処理システムを設計するには、図1.10の因子を十分に考慮

1.2 プラズマ技術

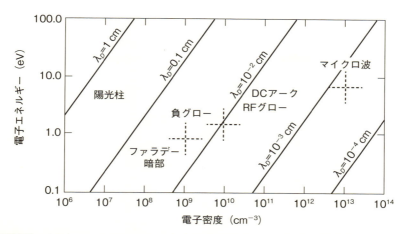

図1.9 表面処理で使われるプラズマの電子エネルギーと電子密度の領域（λ_D はデバイ長さ）

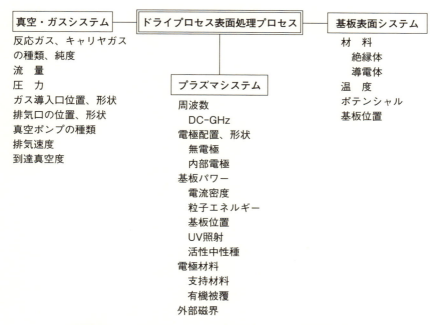

図1.10 ドライプロセス表面処理プロセスに関与する因子

第 1 章　ドライプロセスの基礎

表 1.2 プラズマ因子を変化させる方法

プラズマ因子		プラズマ制御因子
電子密度	↗	放電電流↗、放電電力↗、磁界↗
電子密度	↘	放電電流↘、放電電力↘
電子温度	↗	電界↗、電子サイクロトロン共鳴（ECR）利用
電子温度	↘	低速電子↗、高速電子↘
イオン束	↗	電子温度↗、電子密度↗
イオン入射エネルギー	↗	バイアス電圧↗、電子温度↗
特定の励起種	↗	選択励起、準安定準位利用、混合気体の利用

しなければならない。

1つのシステムが決定した場合、電子密度、電子温度などプラズマに関与した因子を制御するには、**表 1.2** に示したような方法が考えられる。

このように、プラズマ反応に関連した因子を制御するには、これら因子の値を求めることが必要となる。この方法はプラズマ診断法と呼ばれ、各種方法が開発されている。**表 1.3** に、よく用いられているプラズマ診断法とその特徴を示す。プラズマ診断は、プラズマの性質を定量的に捉え、プラズマ反応の素過程を解析し、モデル化を行う上でも重要である。また、反応過程のモニタとして使用することができ、工業的にも重要である。

プラズマを用いたプロセスでは、イオンや電子により、基板や薄膜へ照射損傷を起こし、機能の上で問題になることがある。照射損傷の少ない低温プロセスのために、プラズマに代わり光が用いられることがある。

光と物質とは、そのエネルギーにより多様な相互作用を行う。光吸収に伴う原子や分子の励起あるいは電離が表面処理にとって重要である。

光の波長を λ （nm）、光子エネルギーを E （eV）とすると、

$$\lambda \cdot E = 1.24 \times 10^3 (\mathrm{nm \cdot eV})$$

の関係が成り立つ。一般に原子や分子の電離エネルギーはおよそ 10 eV であり、10 eV の光子エネルギーを与える波長は約 120 nm である。図 1.5 からもわかるように、120 nm の波長の光は真空紫外光である。

今、光（$h\nu$ で示す）が原子あるいは分子 A に当たると、上記のエネルギーを目安として、光子エネルギーにより、

1.2 プラズマ技術

表1.3 プラズマ診断の方法とその特徴

方　　法	特　　徴
分光学的方法	
発光分光法	プラズマからの発光スペクトルを測定。励起された粒子のみ検出。プラズマ中の反応物、生成物の同定。高感度。
光吸収分光法	可視光や赤外光の吸収スペクトルを測定。基底状態の原子・分子の同定。
蛍光分光法	レーザを光源として用い、レーザ誘起蛍光スペクトルを測定。ラジカルの検出。
CARS（Coherent Anti-Stokes Raman Spectroscopy）法	レーザを光源として用い、光散乱スペクトルを測定。ラジカルの検出。高感度。空間分解測定。
探針法	
単探針法、複探針法	プラズマ中に入れた探針の電流-電圧特性を測定。電子温度、イオン温度、正イオン密度、電子密度、プラズマ電位の測定。
質量分析法	プラズマ中で生成した中性およびイオン活性種を取り出して、質量スペクトルを測定。光を放射しない活性種、複雑な活性種も測定可能。高感度。
電子スピン共鳴法	プラズマ中反応につき、電子スピン共鳴（ESR）（電子常磁性共鳴（EPR））スペクトルを測定。フリーアトム、フリーラジカルの検出。
放電インピーダンス測定	RF電極のバイアス電圧を測定。エッチングの終点検出。

$$\text{光励起}\quad h\nu + A \rightarrow A^*$$
$$\text{光電離}\quad h\nu + A \rightarrow A^+ + e$$

が起こり、励起粒子やイオンが生成する。エネルギーによっては、超励起状態が生じることもある。光子のエネルギーを制御することにより、電離を防ぎ、励起粒子やラジカルを主とした、荷電粒子を含まない活性な状態を生み出すことができる。

一方、赤外域の光によっては分子振動が励起され、分子結合が切れて反応を進行させることができる。また基板の加熱も起き、熱分解反応を促進させ

ることもできる。

現在用いられている光源を**表 1.4** に示す。ランプ、レーザおよびシンクロトロン放射光が使用できる。使用する目的によって最適の波長、強度の光源が選ばれる。

表 1.4 ドライプロセス表面処理に用いられる光源の種類および波長

種類	目的	光源	波長
ランプ	電子励起	低圧水銀ランプ 中圧〜高圧水銀ランプ 超高圧水銀ランプ 希ガス共鳴線ランプ エキシマランプ 超高圧 Xe ランプ Xe–Hg ランプ	185、254 nm 光強い 185、254、313、365 nm 光強い 313、365、403、436 nm 光強い Ar (107 nm)、Kr (124 nm)、Xe (147 nm) Ar_2^* (126 nm)、Kr_2^* (146 nm)、Xe_2^* (172 nm)、$KrCl^*$ (222 nm)、$XeCl^*$ (308 nm) 200〜1000 nm 200〜400 nm
	加熱	赤外線ランプ	赤外域（1〜4 μm）
レーザ	電子励起	F_2 エキシマレーザ ArF エキシマレーザ KrF エキシマレーザ Ar レーザ第 2 高調波 銅イオンレーザ XeCl エキシマレーザ He–Cd レーザ XeF エキシマレーザ	157 nm 193 nm 249 nm 257 nm 260 nm 308 nm 325、442 nm 350 nm
	加熱、分子励起	CO_2 レーザ YAG レーザ ガラスレーザ ルビーレーザ Ar レーザ	〜10 μm 1.06 μm 1.06 μm 694 nm 488、515 nm
シンクロトロン放射	電子励起	シンクロトロン放射	真空紫外域〜X 線域

1.3 基板技術

ドライプロセス表面処理で形成される薄膜は極めて薄く、脆いため、支持するために基板は必要である。また自分自身の表面が処理されるために基板は使われる。ほとんどの材料を基板として用いることができる。よく使用されている材料を**表1.5**に示す。

単結晶基板は、その上に結晶軸のそろった単結晶薄膜を成長させる（この

表1.5 薄膜作製に用いられる代表的な基板の種類と材料名

種類		材料名
単結晶	半導体	Si、Ge、GaAs、GaP、GaSb、InP、InAs、InSb、SiC、C（ダイヤモンド、グラファイト）
	イオン結晶	NaCl、KCl、LiF、BaF_2
	酸化物など	$\alpha\text{-}Al_2O_3$（サファイア）、SiO_2（石英、水晶）、$MgAl_2O_4$（スピネル）、MgO（マグネシア）、TiO_2（ルチル）、Fe_2O_3（赤鉄鉱）、マイカ（$KH_2Al_3(SiO_4)_3$）、リチウムナイオベート（$LiNbO_3$）
ガラス		石英ガラス、高ケイ酸ガラス、ホウケイ酸ガラス、低アルカリガラス、並板ガラス
セラミックス		アルミナ（Al_2O_3）、フォルステライト（$2MgO \cdot SiO_2$）、ステアタイト（$MgO \cdot SiO_2$）、スピネル（$MgO \cdot Al_2O_3$）、ベリリア（BeO）、炭化ケイ素（SiC）
プラスチック		ポリエチレン、ポリプロピレン、ポリエチレンテレフタレート、ポリテトラフロロエチレン、ポリ塩化ビニル、ポリメチルメタアクリレート、ポリカーボネート、ポリアミドなど各種プラスチック
金属		Ag、Al、Au、Cr、Cu、Fe、Mo、Ni、Pt、Ti、W、Znなど各種金属、アルミニウム合金、銅合金、鋼、ステンレス鋼、インコネル、ハステロイなど各種合金

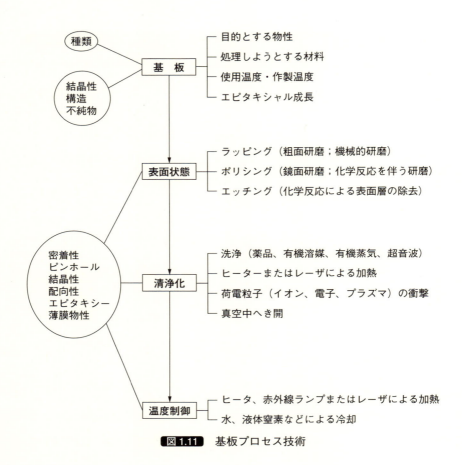

図 1.11 基板プロセス技術

ことをエピタキシーと呼ぶ）ために使われる。

　基板プロセス技術は、より良い表面処理を行うための基礎として重要であり、その概略を**図** 1.11 に図示する。

　基板の表面状態を整えるには、ラッピング、ポリシングなどの研磨を行い、基板の平滑性を上げ、さらにエッチングによる変形層や酸化物層の除去を行う。基板の種類により、これらの工程で用いられる手法、薬品などは異なる。

　工業的に重要な、作製される薄膜の基板との密着性（付着性ともいう）を向上させるため、基板前処理は重要である。基板の清浄化（洗浄；cleaning）は密着性とも強く関連があり重視される。基板の汚れを除去する基板洗浄は、

基板の種類、また汚れの種類により異なる。基礎研究において基板としてよく使われるガラスを例に、洗浄法を述べる。

ガラス基板あるいは石英基板の場合の洗浄法には下記の方法がある。

（1）指洗浄

小型基板の場合、洗剤を用いて指で洗う古典的な方法である。流水中で洗浄するが乾燥の際、残留物が残る。これを防ぐため、最終段階でピンセットを用いる、煮沸純水などを用いる、基板を立てて乾燥するなどの工夫が必要である。

（2）薬品洗浄

油脂類の汚れの場合、古くはクロム酸混液（硫酸と三酸化クロム（CrO_3）の混合液）が使われていたが、廃液処理に問題があり、現在では、シリコン洗浄用の強アルカリ溶液（市販されている）が多く使われている。アセトン、イソプロピルアルコールなどで洗浄することも有効である。アルコール類などの洗浄液を用いた真空蒸気洗浄が用いられることもある。

（3）超音波洗浄

現在では、油脂類の洗浄に最もよく使われている。超音波発信器を備えた中性洗剤、純水、アルコール類などの浴に順番に入れて洗浄を行う。実験室では、アセトンやエタノールで超音波洗浄を行う。

（4）光洗浄

空気など酸素を含むガス中で、基板に紫外線（UV；ultraviolet）を照射し、酸素ラジカルを生成させ、有機物を分解除去する洗浄法である。有機物は、CO_2 や H_2O に分解され、除去される。光洗浄は、有機物の汚染には有効であるが、無機物の汚染には無効である。

紫外線洗浄（UV洗浄あるいはUV/O_3洗浄と記載）は、低圧水銀ランプを光源として用い、185 nm および 254 nm の紫外線で酸素ラジカルを発生させる。

真空紫外光洗浄（VUV洗浄あるいはVUV/O_3洗浄と記載；エキシマランプ洗浄ともいう）は、200 nm より波長の短い真空紫外線（VUV；vacuum ultra violet）を照射して洗浄する方法である。VUV光源としては、Xe エキシマランプ（主波長 172 nm）が多く用いられる。VUV は空気中での到達距離が短いため、減圧下で使うと、基板と光源との距離を長く取れる。VUV

の方が、通常のUVより洗浄時間を短くでき、洗浄効果が高い。

(5) イオン衝撃洗浄

大気中での洗浄後、基板を真空容器に入れてからの洗浄法である。基板は、大気中洗浄の後、空気中に置かれた際に汚染される（酸素、窒素、水（水蒸気）、有機物など）。この際の汚染を除去するために行われる。後述のスパッタリング法と同じ原理で、Arガスを放電し、Ar^+イオンを生成し、このAr^+イオンを基板に衝撃させ、汚染物を除去する。基板を損傷させないため、Ar^+イオンのエネルギー制御が重要である。

他の基板の場合もガラス基板と同様の方法が用いられる。ただし、洗浄に使用する薬品は、基板材料により異なる。シリコン基板のように、空気中では1nm程度の自然酸化膜が形成しており、これを除去することも目的によっては必要になる。

基板を真空装置に入れ、イオン衝撃などで清浄化後、薄膜の堆積を行う。この際、図1.11に示すように、加熱あるいは冷却を行う。形成する薄膜の物性を、これにより変化させることができる。また、加熱の場合、基板との密着性を向上させることができる。耐熱性のないプラスチック基板などでは、基板を冷却し、基板の性質変化、変形など防ぐことが重要である。さらに、膜形成後にアニール（annealing）を行うことがある。これは、加熱あるいは冷却により、形成した薄膜あるいは基板の性質を変化させる工程である。

1.4 評価技術

堆積や表面改質により作製された薄膜の膜厚、構造、組成、目的とする性質などを評価することが必要である。**表1.6**に代表的な評価項目と評価方法をまとめる。これらのうち、具体的な測定方法については、第7章ドライプロセスの応用において、一部説明する。

1.4 評価技術

表1.6 評価プロセスにおける評価項目および評価法

評価項目	評価法
膜厚測定	天秤、水晶振動子法、触針式および非触針式表面粗さ計、多重光束干渉法、微分干渉顕微鏡、位相差顕微鏡、エリプソメータ、光学式膜厚計
組成分析	オージェ電子分光（AES）、X線マイクロ分析（XMA）、イオンマイクロ分析（IMA）、低エネルギーイオン散乱分光（ISS）、蛍光X線分析、荷電粒子励起X線分析（PIXE）、ラザフォード後方散乱分光（RBS）、発光分光分析、2次イオン質量分析、放射化分析
化学結合解析	X線光電子分光（XPS）、真空紫外光電子分光（UPS）、赤外吸収（IR）、ラマン分光
結晶構造解析	X線解析（XD）、高速電子回折（HEED）、反射高速電子回折（RHEED）、低速電子回折（LEED）
表面・結晶観察	光学顕微鏡、レーザ顕微鏡、走査型電子顕微鏡、走査型トンネル顕微鏡、透過型電子顕微鏡
機械的性質 　硬度 　ひずみ 　付着力 　摩耗	 マイクロビッカース硬度計 ディスク法、ベンディングビーム法、X線回折法、電子回折法 引き剥し法、引張り法、引倒し法、引っかき法、テープ法、摩擦法、折り曲げ法、遠心力法、電磁力法、超音波法 摩耗試験機
光学的性質 　光吸収、反射 　屈折率 　発光	 モノクロメータ エリプソメータ、光干渉法 ホトルミネセンス試験、エレクトロルミネセンス試験
電気的性質 　電気抵抗 　光伝導 　超電導 　誘電率 　圧電性 　超音波性	 2端子法、4端子法、4探針法、ファン・デル・ポウ法、渦電流法 光伝導測定 超電導遷移温度測定、マイスナー効果測定 静電容量測定 圧電特性測定 超音波特性測定
磁気的性質 　磁区観察 　磁化曲線、磁気ヒステリシス曲線 　ホール効果	 光学顕微鏡 B-H測定 ホール効果測定装置
化学的性質 　エッチング特性 　電気化学的特性 　ぬれ性 　ガス透過	 腐食試験 ポテンショスタット、ガルバノスタット 接触角測定 質量分析計
熱的性質 　熱伝導率 　熱電特性	 レーザフラッシュ法 熱電特性測定
生物・医学的特性 　培養 　タンパク質分離	 培養試験（細胞、細菌など） イオンクロマトグラフィ

第2章

ドライプロセスの特徴と種類

　ドライプロセスを用いると、表面処理を、(1) ドライ（水のない状態）、(2) 低温（数百℃という高温ではなく、室温に近い温度）、(3) 高速（1分間に数 μm から数十 μm の堆積速度も可能）で行うことが可能となる。また、ウェットプロセスで作製しにくい化合物の形成も行える。このようなドライプロセスの特徴を述べ、さらに、このプロセスがどのように発展してきたか、種類を含め説明する。

2.1 ドライプロセスの特徴

　ドライプロセスによると、めっきでは困難な化合物薄膜の作製が行え、材料の面からは、このプロセスの大きな利点である。
　この際、低温プラズマを利用することで、反応を
（1）ドライ
（2）低温
（3）高速
の条件下で進めることも可能になる。
　ドライプロセスの利点をまとめると、以下のようになる。ウェットプロセスの代表であるめっきと対比して述べる。
① 金属、合金の薄膜以外に、酸化物、窒化物、炭化物、フッ化物、ホウ化物などの化合物、また化合物半導体の薄膜作製が可能である。
（めっきでは、金属、合金の膜の作製が主であり、化合物の膜はできにくい。）
② 薄膜作製において、原子あるいは分子レベルでの形成制御が可能である。
（めっきでは、原子レベルでの形成制御がしにくい。）
③ 1原子層あるいは1分子層での膜成長が可能なため、多層膜の作製が容易である。
（めっきでは多層膜成長の精密制御が難しい。）
④ 単結晶基板との結晶軸がそろった薄膜の結晶成長（エピタキシャル成長）が可能である。
（めっきで、エピタキシャル成長をさせることは難しい。）
⑤ 基板温度を、液体ヘリウム温度（−269℃；約4K）のような極低温から1,000℃を超える高温まで変化させることが可能である。これにより、薄膜の作製条件を大幅に変えることができ、作製膜の物性も変化させることができる。

(めっきでは、常圧下において、0～100℃の間で基板温度が変化でき、少ない温度幅である。)
⑥ 酸素、窒素、水素、アルゴンなどのガスを用いた場合、排ガス処理が容易である。ただし、モノシラン、アルシン、ジボラン、硫化水素など危険なガスを使用する際には、排ガスを含め、取り扱いに十分気をつけなければならない。
(めっきでは、通常、安全な水を溶媒としており、爆発のような危険性は少ないが、廃液処理に十分考慮を払わなければならない。)

一方、ドライプロセスの欠点は以下のようになる。
① ドライプロセスで使用する真空装置は高価である。真空度が良くなるにつれ、価格も上昇し、超高真空装置では非常に高額となる。
(めっき装置は比較的安価である。)
② 危険なガスを使用することもあり、その取り扱いに十分考慮することが必要である。
(めっきでも危険な薬品を使うこともあるが、爆発性などは少ない。)
③ 必要とする膜厚にもよるが、一般的に成膜時間が長くなる。また、真空引き、成膜温度などの関係で、全体としての処理時間が長くなることが多い。
(めっきでは、比較的短時間で処理が行える。)

ドライプロセスとめっきプロセスとの接点としては、下記の点が挙げられる。
① 膜の成長機構に類似性があり、形成される薄膜の性質に類似性がある場合がある。
② 溶液とプラズマとは、正負の荷電粒子を含んでおり、その中での化学反応に類似性がある場合がある。
③ ドライで作れる物質を、めっきで安価に、大面積に作製できないかとの観点から、例えば、ドライで作られた新組成・新機能の合金膜の大量生産にめっきプロセスが適用できる可能性がある。
④ ドライプロセスの利点とめっきプロセスの利点を融合させた新プロセスの開発が行える。
⑤ 大気圧プラズマ、ソリューションプラズマなど大気圧下あるいは液中で

のプラズマ源が開発され、めっきプロセス、さらに陽極酸化、化成処理などを含めたウェットプロセスとの複合化が可能である。

2.2 ドライプロセスの種類

ドライプロセス表面処理では、コーティングする薄膜自身の物性を追究することを目的とすることはもちろんであるが、基板となる材料の表面状態を変え、その基板材料自身の性質の向上を図ることを目的とすることもある。表面処理によって、基板材料に更に新しい機能を付け加えることにもなる。薄膜自身に重点を置くか、基板自身に重点を置くかにより見方は変わるが、どちらにせよ電子工業、光学工業、精密機械工業、医薬工業をはじめ、いろいろな工業分野において重要な技術となっている。

表面処理には、**図2.1**に示すように大きく分けて、次の2種類の方法がある。
(1) 真空蒸着やめっきのように基板の上に膜が堆積し、基板自体はほとんど変化せず、堆積膜自身の機能性が追求される場合。堆積（デポジション）という。
(2) 酸化や不純物拡散のように処理される基板自身が変化し、表面に膜が形

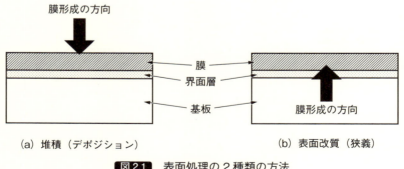

(a) 堆積（デポジション）　　　　(b) 表面改質（狭義）

図2.1 表面処理の2種類の方法

2.2 ドライプロセスの種類

成され、新しい性質を示す場合。狭義の表面改質、あるいは単に表面改質という。

どちらの場合も界面層が存在し、その存在や厚さが機能性の上で、また密着性（付着性ともいう）などの上で問題となる。また、表面状態を変える方法としてはエッチングがあるが、(2) の場合の変形として扱う。

表面処理技術には多くの方法が開発されてきた。気相から作る方法、液相

表2.1 表面処理技術の種類

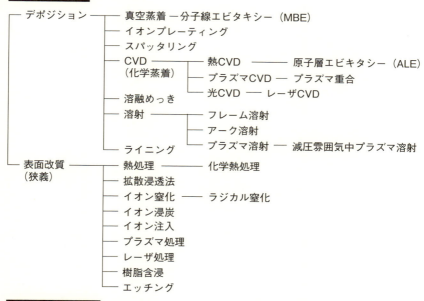

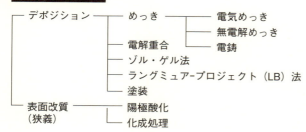

から作る方法、固相から作る方法、あるいは常圧下で作る方法、減圧下で作る方法などいろいろに分類することができる。ここでは、大きく気相からの方法（ドライプロセス）と液相からの方法（ウェットプロセス）とに分け、その代表的な種類を表2.1に示す。

ドライプロセスによる堆積法では、真空蒸着、スパッタリングおよび化学蒸着（あるいは化学気相成長）（CVD、chemical vapor deposition）法が基本的な方法である。これらの古典的な方法に対し、プラズマ、イオン、ラジカル、電子、光による励起状態を用いる新しい方法が発展し、それぞれ図2.2のような名称で呼ばれている。これは、新しい材料の作製、プロセスの低温

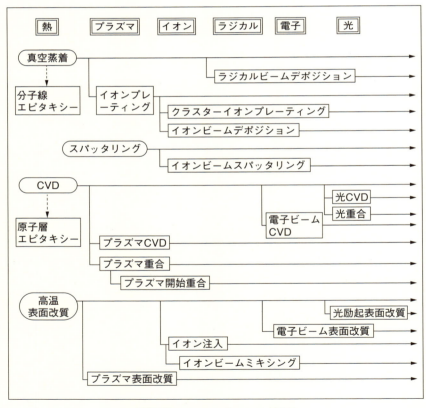

図2.2 ドライプロセスの発展

化・高速化、密着性の増大などに有利な点が多いためである。

　ここで、歴史的な見地から、真空蒸着、イオンプレーティング、スパッタリングの3種類の方法を、物理蒸着（あるいは物理気相成長）（PVD、physical vapor deposition）法と呼ぶ。最近では化合物を作製することが多くなり、物理的手法と化学的手法とを厳密に区別することは難しくなっている。今後は両者を混合した方法が更に発展していくと考えられる。

　ドライプロセスによる表面改質法も、最初は熱を利用した表面反応を用いる方法が主であったが、最近では、堆積法の場合と同様に各種励起手段を用い、低温で処理する方法が発展している。

Column

● 高出力インパルスマグネトロンスパッタリング（HiPIMS） ●

　通常の直流マグネトロンスパッタリングでは、大電力を加えるとターゲットが熱負荷に耐えられない、また基板温度が上昇するなどの問題が生じる。この問題を解決するため、高出力インパルスマグネトロンスパッタリング（HiPIMS）が開発された。HiPIMSでは、直流電源よりコンデンサに電荷をため、このためた電荷をターゲットに流し、瞬時に大電力を流し、ターゲット近傍で高密度プラズマを発生させ、イオン化効率を上昇し、低温にて、緻密で平滑性、密着性、付き回り性などの良い膜形成が行える。パルス放電利用の一種である。

第3章

物理蒸着（PVD）法

　ドライプロセスによる薄膜形成法として、物理蒸着（PVD）法が古くから使われており、いろいろな方法が開発されている。この物理蒸着（PVD）法として、(1) 真空蒸着、(2) イオンプレーティング、(3) スパッタリングを取り上げ、(a) 原理、(b) 方法および装置、(c) 特徴、(d) 作製されている材料および応用分野について述べる。

3.1 真空蒸着

▶ 3.1.1 真空蒸着の原理

真空蒸着(あるいは、単に蒸着という)は、1857年、M. Faradayによって最初に行われたとされている。真空蒸着は、約 10^{-2} Pa 以下の真空中で、蒸発源より物質を蒸発させ、基板上に薄膜を付着・堆積させる方法である。

熱による蒸発を用いており、この点がスパッタリングとは異なっている。最も簡単な方法であるが、応用範囲は広く、真空を用いた薄膜作製では広く使われている。

高真空中で行う理由は、
(1) 蒸発分子の平均自由行程を大きくし、空気分子との衝突あるいは化合を防ぐこと、また蒸発分子間の衝突・凝縮を防ぐこと
(2) 蒸発源が空気分子と反応することを防ぐこと
(3) 基板上に形成する薄膜中に空気分子が混入したり、あるいは化合物を形成したりすることを防ぐこと

である。このため蒸発時の真空度により、膜質は異なることになる。

真空蒸着のプロセスは、
① 真空排気
② 加熱による蒸発源からの物質の蒸発
③ 蒸発分子の基板への付着

といった素過程よりなる。

薄膜の成長機構は、
① 蒸着物質と甚板との組み合わせ
② 蒸着速度
③ 基板温度
④ 基板の清浄度

により異なると考えられている。

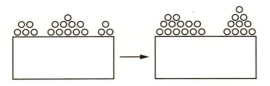

(1) 核(島状)成長（Volmer-Weber形）

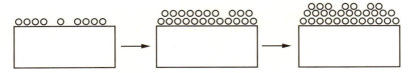

(2) 層状成長（Frank-Van der Merwe形）

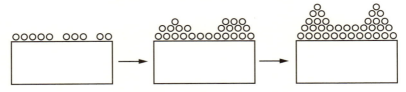

(3) 混合成長（Stranski-Krastanov形）

図3.1 薄膜の成長機構

現在、薄膜の成長に関しては、
① 核(島状)成長
② 層状成長
③ 混合成長

の3種類の成長機構が提案されている。この模式図を、**図3.1**に示す。

このうち、核(島状)成長機構が最も多く見られる様式で、**図3.2**に示すような過程で薄膜は形成される。この時計回りの成長を繰り返すことで、厚くなっていく。

▶ 3.1.2　真空蒸着の方法および装置

真空蒸着に必要な基本的な装置は、
(1) 真空装置
(2) 加熱・蒸発装置（蒸発源）

第 3 章 物理蒸着（PVD）法

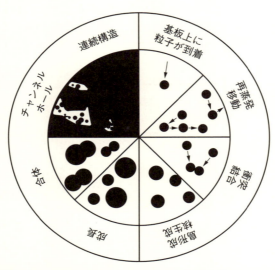

図 3.2 薄膜の形成過程。右半分は基板における核生成の 4 段階を、左半分は基板上の薄膜成長の 4 段階を示す

(3) 基板

である。

　基本的な真空蒸着装置の構成を**図 3.3** に示す。真空容器はステンレス鋼などの金属あるいはガラス製である。ガラス製の容器がベル形であったため、ベルジャと呼ばれる。真空計、蒸発速度を測る膜厚計、残留ガスの分析装置などの計測装置、また基板を加熱あるいは冷却する加熱装置あるいは冷却装置が必要に応じて取り付けられる。また、蒸発初期の不純物の混入を避け、安定した蒸発下で膜形成を行うため、蒸発源と基板との間にシャッタが設けられている。

　蒸発源で物質を加熱する方法には、
① 抵抗加熱（RE）
② 電子ビーム加熱（EB）
③ アーク放電加熱（AR）
④ 高周波誘導加熱（HF）
⑤ レーザ加熱（LA）

40

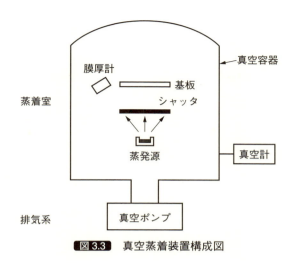

図 3.3 真空蒸着装置構成図

などがある。図 3.4 に示す抵抗加熱は、簡単であるため広く用いられている。W、Ta、Mo などの高融点金属の線または薄板で形成した蒸発源に蒸発物質を載せ、通電し加熱する。蒸発源材料の膜中への混入や、組み合わせによっては蒸発源材料と蒸発物質が化合物または合金を形成することに注意する必要がある。箱形で中の温度を一様に保ち、出口面積を小さくしたクヌーセンセルは分子線エピタキシーで用いられている。電子ビーム加熱にもいくつかの方式があるが、通常、図 3.5 に示す E 形電子銃が使われている。るつぼ材料の混入がなく、高純度の膜が作製できる。特に高融点金属の蒸発に有力である。ただし、電子ビームが使えない材料もある。

アーク放電加熱はカーボンの蒸発によく用いられる。高周波誘導加熱では、るつぼ材料からの不純物の混入に注意を要する。最近多く使用されるようになったレーザ加熱は、設備代が高いが、高融点金属の蒸発も可能である。CO_2 レーザや YAG レーザが用いられている。レーザの蒸発源への導入方法には工夫が必要である。

この他、合金の蒸発にはフラッシュ蒸発が用いられる。また多層膜や合金の作製には複数個の蒸発源が使用される。通常の真空蒸着では蒸発源の面積は小さく、基板上の膜厚の均一性および組成の均一性を保つには、蒸発源と基板の位置関係、基板の回転などに考慮を払う必要がある。また斜め蒸着の

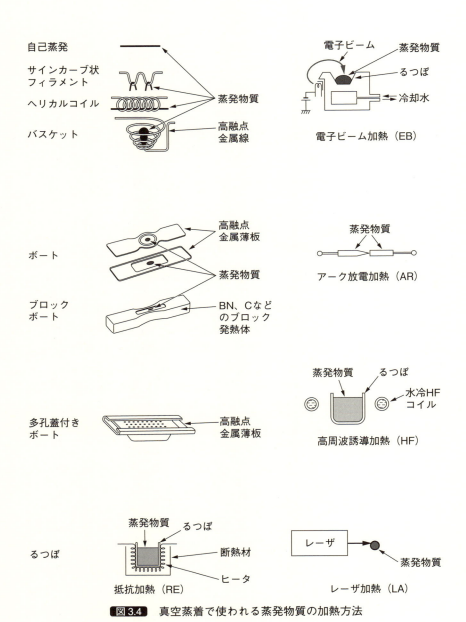

図3.4 真空蒸着で使われる蒸発物質の加熱方法

3.1 真空蒸着

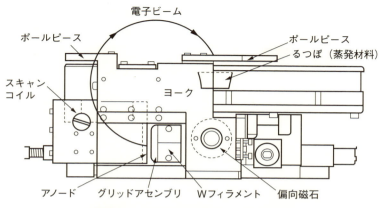

図3.5 E型電子銃の構造（180°偏向形）

ように基板を傾けることにより、作製される膜の配向性が影響を受けることもある。

化合物の薄膜の作製には反応性蒸着が用いられる。酸素などの活性ガス中で蒸発物質を蒸発して、基板上でガスと反応させ、化合物薄膜を形成させる。この際、基板温度が反応の因子となっている。低温での化合物薄膜の作製に

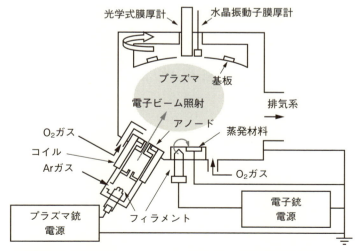

図3.6 高密度プラズマアシスト蒸着装置（酸化物膜作製の場合）

43

は、真空蒸着を発展させたイオンプレーティングが多く用いられている。

真空蒸着では、形成される薄膜の密着性に劣る場合があり、密着性の向上にプラズマ照射が併用されることがある。この場合の装置を**図 3.6** に示す。化合物薄膜を形成させる場合にもプラズマ照射が有効になる。

▶ 3.1.3　真空蒸着の特徴

真空蒸着の長所と短所とを挙げてみよう。

［長所］
(1)　装置構成が比較的簡単で、取り扱いがやさしい。
(2)　金属、無機化合物、有機化合物など大変多くの物質の薄膜ができる。有機薄膜で配向性に優れた膜を作製することも可能である。
(3)　薄膜の成長機構が比較的単純である。新しい組成や結晶構造の薄膜が比較的簡単に作製できる。

［短所］
(1)　通常、薄膜の基板への付着力が小さい。この場合、基板温度を高くすることや上記のプラズマ照射併用が有効になる。
(2)　物性の再現性が悪い。この場合、蒸発材料、蒸着条件などを一定にすることで改善できる。
(3)　不純物の混入を防ぐのに注意が必要である。より高真空の装置を用いる、真空容器に付着している水を加熱で除去するなどの工夫が必要である。

▶ 3.1.4　作製されている材料および応用分野

無機、有機を問わず多くの物質が薄膜として作製されている。**表 3.1** に各元素の蒸発方法と目安となる蒸発温度を周期律表の順番により、整理して示す。現在、真空蒸着は光学工業、電子工業を中心として多くの分野で使用されている。

表 3.2 には、よく用いられる化合物につき、その蒸発方法と用途例とをまとめて示す。

表3.1 各元素の真空蒸着における蒸発方法

元素族	記号	温度（℃）融点	蒸気圧 ~1 Pa	蒸発方法	蒸発源材料 金属線	蒸発源材料 金属薄板	蒸発源材料 るつぼ
ⅠA	Li	180	535	RE、EB	—	Ta、ステンレス鋼	Al_2O_3、BeO、軟鋼
	Na	98	289	RE	—	ステンレス鋼	SiO_2
	K	64	208	RE	—	Mo	SiO_2
	Rb	39	173	RE	—	—	SiO_2
	Cs	28	145	RE	—	ステンレス鋼	SiO_2、C
ⅡA	Be	1,278	1,225	RE、EB	W	W、Ta、Mo	BeO、C、ThO_2
	Mg	649	439	RE、EB、AR	W	W、Ta、Mo、Nb、Ni、Fe	Al_2O_3、C、Fe
	Ca	839	597	RE、AR	W	W	Al_2O_3、SiO_2
	Sr	769	537	RE、EB、AR	W	W、Ta、Mo	C、Ta、Mo
	Ba	725	610	RE、EB、AR	W	W、Ta、Mo、Ni、Fe	C
ⅢB	Sc	1,541	1,224	RE、EB、AR	—	Ta	Al_2O_3、BeO
	Y	1,552	1,632	RE、EB、AR	W	Ta	Al_2O_3
ⅣB	Ti	1,680	1,740	RE、EB、AR、LA		W、Ta	C、ThO_2、TiC
	Zr	1,852	2,400	RE、EB、AR、LA		W	—
	Hf	2,227	>3,090	EB			
ⅤB	V	1,890	1,850	RE、EB、AR	W	W、Mo	—
	Nb	2,468	2,707	RE、EB、AR		W	—
	Ta	2,996	3,056	RE、EB、AR、LA	Ta細線		
ⅥB	Cr	1,857	1,400	RE、EB、AR、LA	W（Crコート）	W（Crコート）	C
	Mo	2,617	2,524	RE、EB、AR、LA	Mo細線	—	
	W	3,410	3,229	RE、EB、AR、LA	W		
ⅦB	Mn	1,224	940	RE、EB、AR、HF	W	W、Ta、Mo	Al_2O_3、BeO、C
	Tc	2,200	2,487	—			
	Re	3,180	3,060	RE、EB、AR	Re細線		
Ⅷ	Fe	1,535	1,480	RE、EB、LA、HF	W	W	Al_2O_3、BeO、ZrO_2

表3.1 つづき

元素		温度（℃）		蒸発方法	蒸発源材料		
族	記号	融点	蒸気圧～1Pa		金属線	金属薄板	るつぼ
Ⅷ	Ru	2,310	—	—	—	—	—
	Os	3,045	—	—	—	—	—
	Co	1,495	1,520	RE、EB、AR、HF	W	W	Al_2O_3、BeO
	Rh	1,966	2,040	RE、EB、AR	W	W	ThO_2、ZrO_2、C
	Ir	2,410	>2,380	EB、AR	—	—	—
	Ni	1,453	1,530	RE、EB、AR、LA、HF	W	W	Al_2O_3、BeO
	Pb	1,552	1,460	RE、EB、AR	W（Al_2O_3コート）	W（Al_2O_3コート）	Al_2O_3、BeO
	Pt	1,772	2,090	RE、EB	W、Pt	W	ThO_2、ZrO_2、C
ⅠB	Cu	1,083	1,260	RE、EB、LA、HF	W、Ta	W、Ta、Nb	Al_2O_3、BN、Mo、C
	Ag	961	1,030	RE、EB、AR、HF	W	Ta、Mo	Al_2O_3、Mo、C
	Au	1,064	1,400	RE、EB、AR		W、Mo	Al_2O_3、BN、Mo、C
ⅡB	Zn	420	345	RE、EB、AR、LA	W	W、Ta、Mo	Al_2O_3、SiO_2、Fe、Mo、C
	Cd	321	265	RE、AR、LA	W、Mo、Ta	W、Ta、Mo、Nb	Al_2O_3、SiO_2
	Hg	−39	46	AR	—	—	—
ⅢA	B	2,300	2,300	RE、EB、AR、LA、HF	—	—	C
	Al	660	1,220	RE、EB、LA、HF	W		BN、TiC/C、TiB_2-BN
	Ga	30	1,130	RE、EB	—	—	Al_2O_3、BeO、SiO_2
	In	156	950	RE、EB	W	W、Mo	Al_2O_3、Mo、C
	Tl	304	610	RE	W	W、Ta、Ni、Fe、Nb	Al_2O_3、SiO_2
ⅣA	C	3,632	2,600	EB、AR、LA	—	—	—
	Si	1,410	1,350	RE、EB、LA、HF	—	—	BeO、ZrO_2、ThO_2、C
	Ge	937	1,400	RE、EB、LA	—	W、Ta、Mo	Al_2O_3、SiO_2、C
	Sn	232	1,250	RE、EB、LA	W	Ta、Mo	Al_2O_3、C
	Pb	328	715	RE、EB、LA	W	W、Ta、Mo、Fe、Ni	Al_2O_3、SiO_2、Fe

表3.1 つづき

元素		温度（℃）		蒸発方法	蒸発源材料		
族	記号	融点	蒸気圧 ～1 Pa		金属線	金属薄板	るつぼ
VA	As	817	280	RE	—	—	Al_2O_3、SiO_2、C
	Sb	631	530	RE、LA	Ta、Mo	Ta、Mo、Ni	Al_2O_3、BN
	Bi	271	670	RE、EB、LA	W	W、Ta、Mo、Ni	Al_2O_3、C
VIA	S	113	104	RE	W	W	SiO_2
	Se	217	240	RE、EB、LA	W、Mo	W、Mo、Fe、ステンレス鋼	Al_2O_3、C
	Te	452	375	RE、LA	W	W、Ta、Mo	Al_2O_3、SiO_2、Ta、Mo、C
ランタン系列	La	921	1,730	RE、EB	—	Ta	Al_2O_3
	Ce	799	1,700	RE、EB	W	W	Al_2O_3、BeO
	Pr	931	>1,150	—			
	Nd	1,021	1,300	RE、EB		Ta	Al_2O_3
	Pm	—	—				
	Sm	1,077	728	RE、EB		Ta	Al_2O_3
	Eu	822	608	RE、EB		Ta	Al_2O_3
	Gd	1,313	>1,175	RE、EB		Ta	Al_2O_3
	Tb	1,360	>1,150	RE、EB		Ta	Al_2O_3
	Dy	1,412	>900	RE、EB		Ta	—
	Ho	1,474	>950	RE、EB	W	W	W
	Er	1,529	>930	RE、EB		W	—
	Tm	1,545	848	RE		—	Al_2O_3
	Yb	819	500–615	—			
	Lu	1,663	>1,300	RE、EB		Ta	Al_2O_3
アクチニウム系列	Ac	1,050	—			—	—
	Th	1,735	2,196	RE、EB	W	W、Ta、Mo	—
	Pa	1,230	—				
	U	1,132	1,930	RE、EB	W	W	—
	Np	640	—				
	Pu	641	—				
	Am	994	—				

表3.2 真空蒸着される化合物の蒸発方法とその用途

種類	蒸発物質	温度（℃） 融点	温度（℃） 蒸発温度	蒸発方法	蒸発源材料 ボート	蒸発源材料 るつぼ	用途
酸化物	Al_2O_3	2,050	2,000	RE、EB	W		反射防止膜、保護膜、紫外域フィルタ
	Bi_2O_3	820	800—1,000	RE	Pt	Al_2O_3	可視域二層反射防止膜
	CeO_2	1,950	—	RE、EB	W	Al_2O_3	多層反射防止膜、各種フィルタ
	CrO_3	196	1,900—2,000	RE	W		光学ガラスの褐色吸収膜
	In_2O_3	850（分解）	—	RE	W	Al_2O_3	熱線透過フィルタ、透明導電膜
	Fe_2O_3	1,565	—	RE	W		赤外線干渉膜、色眼鏡、吸収フィルタ
	MgO	2,800	2,000	EB			多層反射防止膜、透過窓
	Nd_2O_3	1,900	1,600—2,000	RE、EB	W		近赤外の多層反射防止膜
	Nd_2O_5	1,520	1,400—1,600	RE、EB	W		誘電膜、多層反射防止膜
	Sb_2O_3	656	400—500	RE	Pt	Al_2O_3	二層反射防止膜、フィルタ
	SiO_2	1,800	1,600	EB			紫外域フィルタ、多層反射防止膜、絶縁膜、拡散マスク
	SiO		1,200—1,600	RE	Mo、Ta		保護膜、誘電膜、多層反射防止膜、装飾膜
	SnO_2	1,127（分解）	—	RE	W		透明導電膜、フィルタ、静電防止
	Ta_2O_5	1,470（分解）	2,000	EB			誘電膜
	TiO_2	1,850	2,200	RE、EB	W、Ta		多層反射防止膜、フィルタ
	TiO	1,750	1,700—2,000	RE、EB	W	C	多層反射防止膜、装飾膜
	V_2O_5	690	—	RE		SiO_2	エレクトロクロミック素子
	WO_3	1,473	—	RE、EB	W、Pt		エレクトロクロミック素子
	ZrO_2	2,700	2,500	EB			多層反射防止膜
フッ化物	CaF_2	1,360	1,300—1,500	RE	W、Ta、Mo	SiO_2	多層反射防止膜、絶縁膜
	CeF_3	1,324	1,200—1,600	RE、EB	W、Ta、Mo		多層反射防止膜
	LaF_3	1,493	1,200—1,600	RE	Ta、Mo		多層反射防止膜
	LiF	870	800—1,000	RE、EB	Ta、Mo		多層反射防止膜
	MgF_2	1,395	—	RE、EB	W、Ta、Mo	C	多層反射防止膜
	NaF	1,040	1,000—1,400	RE	Ta、Mo		多層反射防止膜、透過窓
	PbF_2	855	700—1,000	RE	Pt	Al_2O_3	多層反射防止膜
	SrF_2	1,190	1,000—1,400	RE、EB	W		赤外膜
	ThF_4	1,110	1,000—1,200	RE	Ta、Mo		多層反射防止膜
ヨウ化物	CsI	621	600—800	RE	Ta、Mo		X線蛍光スクリーン、透過窓、フィルタ

表3.2 つづき

種類	蒸発物質	温度（℃）		蒸発方法	蒸発源材料		用途
		融点	蒸発温度		ボート	るつぼ	
リン化物	GaP	1,348	—	RE、EB	W、Ta	SiO$_2$	発光ダイオード
硫化物	CdS	1,750	600—800	RE、EB	Mo	SiO$_2$	赤外線フィルタ、多層反射防止膜、光導電膜、薄膜トランジスタ
	PbS	1,114	—	RE	W	Al$_2$O$_3$	反射防止膜、光検知器
	Sb$_2$S$_3$	550	300—500	RE	Ta、Mo		赤外線フィルタ、光導電膜
	ZnS	1,900	1,000—1,100	RE	Ta、Mo	C	可視・赤外域物質、エレクトロルミネセンス、蛍光膜
セレン化物	CdSe	1,350	500—700	RE	Ta、Mo	Al$_2$O$_3$、SiO$_2$	赤外線フィルタ、多層反射防止膜、光導電膜、薄膜トランジスタ
	PbSe	1,065	—	RE	W、Mo	Al$_2$O$_3$	光導電膜
	ZnSe	1,526	600—900	RE	Ta、Mo	SiO$_2$	フィルタ
テルル化物	CdTe	1,041	600—1,000	RE	Ta、Mo		赤外線フィルタ、多層反射防止膜、光導電膜、薄膜トランジスタ
	PbTe	917	—	RE	Pt	Al$_2$O$_3$	光導電膜

3.2 イオンプレーティング

▶ 3.2.1 イオンプレーティングの原理

　イオンプレーティング技術は、1964年、D. M. Mattoxが直流励起方式を開発して以来、各種の方式が考案され、コーティング法として、また薄膜作製法として広範囲に発展してきた。

　イオンプレーティングは『イオンを用いた活性化蒸着』ということができ、真空蒸着とプラズマとの併合技術であり、真空蒸着法を発展させている。『プラズマ中での蒸着』ということもできる。この原理図を図3.7に示す。通

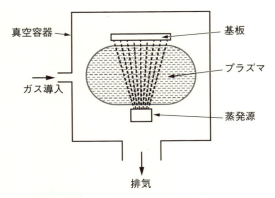

図3.7 イオンプレーティング原理図

常、基板に対し、数十〜2kVの負の直流バイアス電圧を印加するようになっており、正のイオンを基板に対し、加速衝突することができる。この効果により、緻密で密着性の良い膜が形成できる。また、イオンの衝撃効果により、配向性の優れた膜を作製することが可能となる。絶縁体の基板の場合には、高周波電源を用いて、バイアス電圧を与えることができる。

膜の形成前に、基板にイオン衝撃を与え、基板の前処理を行うこともでき、膜の密着性の向上に有効である。

現在、金属、半導体、セラミックス、高分子などいろいろな材料の膜が作製されている。基板にもいろいろな材料が使用されており、数十 nm 以下の極く薄い膜から数十 μm の厚い膜まで形成可能である。

▶ 3.2.2 イオンプレーティングの方法および装置

イオンプレーティングの方法は、低圧下での放電により発生させた低温プラズマを直接利用する方法と、イオンビームを利用する方法とに大別できる。低温プラズマを利用する方法では、プラズマを発生させるのに、

(1) 直流（DC）放電方式
(2) 高周波（RF）放電方式
(3) マイクロ波放電方式
(4) 電子サイクロトロン共鳴（ECR）放電方式
(5) バイアスプローブ方式

(6) 熱電子活性化方式
(7) 多負極（多陰極）方式
(8) アノード・アーク放電方式
(9) カソード・アーク放電方式
(10) ホローカソード（HC）放電方式
(11) 圧力勾配形プラズマガン方式

などが開発されてきた。

このうち、ホローカソード方式、圧力勾配形プラズマガン方式、カソード・アーク放電方式では、プラズマおよび電子流を原料の蒸発に用いている。このため、特に原料の蒸発用加熱源は不要であり、装置構成が簡単になる。この他の方式では、原料の蒸発用加熱源が別個に必要であり、

① 抵抗加熱方式
② 電子ビーム加熱方式
③ 高周波誘導加熱方式
④ レーザ加熱方式
⑤ スパッタガン方式

などが用いられている。このうち、電子ビーム加熱方式が工業的には最も多く用いられている。こちらの方式では、プラズマと原料蒸発とを独立して制御することが可能となる。また、上記のプラズマ発生方式を組み合わせた方式も使用されている。

現在では、カソード・アーク放電を用い、複数の蒸発源を備えたマルチアークイオンプレーティングが、工業的に多く使用されている。

一方、イオンビームを利用する方法では、500〜2,000個の原子の塊（クラスタと呼ぶ）をイオン化し、加速して用いるクラスタイオンビームイオンプレーティングが、良質の膜形成が行えるとのことで用いられている。

各種イオンプレーティング装置の構成を**図3.8**に示す。また、それらの特徴を**表3.3**に示す。

イオンプレーティングの動作圧力は各種方式により異なっており、10^{-3}〜10 Paの範囲にある。単体金属や合金はArガスのプラズマを利用して成膜させている。反応ガスのプラズマを利用し、蒸発物をガスと化学反応させて化合物を合成する反応性イオンプレーティングを行うことができる。機能性材

第3章 物理蒸着（PVD）法

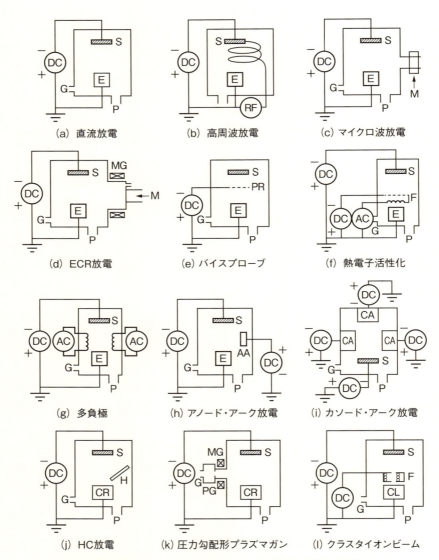

図3.8 各種イオンプレーティング方式の装置構成概略図

E：蒸発源、S：基板、G：ガス導入口、P：排気口、DC：直流電源、AC：交流電源、RF：高周波電源、M：マイクロ波、MG：電磁石、PR：プローブ電極、F：フィラメント、AA：アノードアーク電極、CA：カソードアーク蒸発源（ターゲット）、H：ホローカソード電子銃、CR：るつぼ、PG：プラズマガン、CL：クラスタ蒸発源

3.2 イオンプレーティング

表3.3 各種イオンプレーティング方式の方法と特徴

方式	プラズマおよびイオン発生	動作圧力(Pa)	蒸発源	基板の温度上昇	特徴
直流放電方式	直流グロー放電（−0.5〜−5 kV）	10^{-1}〜10	別おき（電子ビーム加熱、抵抗加熱など）	大	簡便
高周波放電方式	高周波（13.56 MHz）グロー放電	10^{-2}〜10^{-1}	別おき（電子ビーム加熱、抵抗加熱など）	小	直流放電より高真空下で放電可能
マイクロ波放電方式	マイクロ波（2.45 GHz）グロー放電	10^{-1}〜10^{2}	別おき（電子ビーム加熱、抵抗加熱など）	小	低真空下での放電可能、プラズマ活性度大
ECR（電子サイクロトロン共鳴）放電方式	ECR放電（2.45 GHzマイクロ波＋0.0875 T磁束密度）	10^{-3}〜10^{-1}	別おき（電子ビーム加熱、抵抗加熱など）	小	高真空下での放電可能、磁界装置必要
バイアスプローブ方式（活性化反応性蒸着）	プローブへの直流正電圧印加によるグロー放電	10^{-2}〜10^{-1}	別おき（電子ビーム加熱、抵抗加熱など）	小	簡便
熱電子活性化方式	熱電子放射によるイオン化	10^{-3}〜10^{-1}	別おき（電子ビーム加熱、抵抗加熱など）	小	簡便
多負極（多陰極）方式	多数の負電極から熱電子放射によるイオン化	10^{-3}〜10^{-1}	別おき（電子ビーム加熱、抵抗加熱など）	小	簡便
アノード・アーク放電方式	補助電極へ正の直流・低電圧・高電流印加によるアーク放電	10^{-2}〜10^{-1}	別おき（電子ビーム加熱、抵抗加熱など）	大	高イオン化、補助的に熱電子放射電極を用いることも可能
カソード・アーク（マルチアーク）放電方式	ターゲット（蒸発源）へ負の直流・低電圧・高電流印加によるアーク放電	10^{-2}〜10	ターゲットへのアーク放電による蒸発	大	高イオン化、簡便、μmオーダーの粗大粒子の堆積（磁場印加方式、フィルタ型方式、シールド型方式などにより堆積防止可能）
ホローカソード放電（HCD）方式	内部が中空になった負極への直流印加による電子ビーム形成（HCD電子銃）	10^{-2}〜10^{-1}	HCD電子銃による蒸発	小	簡便、大型化容易
圧力勾配型プラズマガン方式	LaB_6を電子源とするプラズマガンからのアーク放電プラズマビーム制御	10^{-2}〜10^{-1}	プラズマビームによる蒸発	小	高イオン化、プラズマビーム形状の制御可能
クラスタイオンビーム方式	るつぼの噴射ノズルから高真空中への蒸気化により形成したクラスタ（100〜2,000個の塊状原子集団）の1個の原子のイオン化によるクラスタイオンの形成	10^{-3}〜10^{-1}	クラスタイオン源からの蒸発	小	高結晶性

表3.4 反応性イオンプレーティングにおいて使用される反応ガスと作製される化合物

反応ガス	作製される化合物
O_2	SiO、SiO_2、TiO、TiO_2、Al_2O_3、ZnO、In_2O_3、SnO_2、Fe_3O_4、Fe_2O_3、Cr_2O_3、CrO_3、WO_3、MoO_2、MoO_3、IrO_2、ZrO_2、HfO_2、ThO_2、BeO、MgO、Cu_2O、CuO
N_2、NH_3	TiN、TaN、BN、CN_x、AlN、GaN、InN、Si_3N_4、Ge_3N_4、SnN_x、ZrN、HfN、NbN、FeN_x、CrN、VN、Li_3N、Zn_3N_2、Cd_3N_2、Cu_3N
CH_4、C_2H_2	TiC、TaC、B_4C、SiC、ZrC、HfC、NbC、CrC_x、VC、WC
H_2S	ZnS、CdS

料や新材料の作製に適している。使用される反応ガスと作製される化合物薄膜とを**表3.4**に示す。

▶ 3.2.3 イオンプレーティングの特徴

各方式により、それぞれ長所と短所とは異なっているが、一般的には次のような長所と短所がある。

［長所］
(1) 膜の密着性（付着強度）に優れている

膜の形成前に、イオン衝撃により基板の清浄化を行うことができる。また形成中は、膜の堆積と同時にイオン衝撃による表面の清浄化が起きている。この清浄化効果により、まず密着性は上がる。イオン衝撃の効果は、基板バイアスにより更に大きくなる。バイアス電圧の大きさによっては、イオン注入が生じ、強固な界面層ができる　また、イオン衝撃による基板温度の上昇による界面での拡散層の形成の効果もある。ただし、イオン衝撃による逆スパッタリングが起きるため、イオン衝撃の効果が大きいと、形成速度が小さくなるため注意が必要である。また、上記の清浄化効果などにより、ピンホールの少ない膜が作製できる。

(2) 膜の付き回り性（回り込み性）に優れている

付き回り性（回り込み性）とは、膜が蒸発源に対し、基板の裏面、側面に

も形成することをいう。真空蒸着は、10^{-4} Pa 以下の高真空度下で行うため、蒸発粒子の平均自由行程（蒸発粒子が、他の粒子に1回衝突し、次の粒子に衝突するまで飛行できる平均的な距離）が、蒸発源と基板との距離に比べて長いので、蒸発粒子は残留ガス粒子と衝突することなく、基板まで直進し、付着する。このため基板の裏面には、ほとんど膜は形成しない。一方、イオンプレーティングは、1 Pa 程度のガス圧力下で行うため、蒸発粒子の平均自由行程は短く、基板までの途中で、何回もガス粒子と衝突し、散乱効果により、基板の裏面にも付着するようになる。このため、膜が基板の裏側や側面に、基板の移動をさせなくても形成できる。

(3) 膜の結晶性がよく、緻密な膜が形成できる

　これは、成膜中におけるプラズマ中のイオンの衝撃効果による。

(4) 反応性に優れている

　上記したように、プラズマ中には励起粒子、イオンなど活性な粒子が多く含まれている。この効果により各種反応に優れており、化合物の合成に有効である。

(5) ドライプロセスであり、無公害で行うことができる

　［短所］

(1) 蒸発源の補給など長時間使用に課題がある。ただし、連続補給の装置が開発され、長時間使用することができる。また、大容量の蒸発源を用いることができる。カソード・アーク放電方式では、スパッタリングと同様なターゲットを用い、長時間成膜が比較的容易である。

(2) 方式によっては、あるいは化合物によっては再現性に問題がある。ただし、形成条件を一定に制御することで解決できる。

(3) 方式によっては、残留ガスの影響がある。また基板の温度上昇が大きい。ただし、基板冷却も併用できる。金属など単体の膜を作製する場合、Ar などの不活性ガスを放電用に用いるが、このガスが膜中に不純物として入る。高純度膜の作製には妨げになる。ただし悪い影響ばかりではなく、膜の硬質化などよい影響を与えることもある。

　クラスタイオンビーム方式は、基板へのダメージが少なく、単結晶膜の作製に優れている。またマイクロ波イオンプレーティングは、マイクロ放電の特徴から、特に反応性イオンプレーティングに適している。

▶ 3.2.4 イオンプレーティングで作製されている材料および応用分野

表 3.5 にイオンプレーティングの応用分野と作製されている材料を示す。TiN、TiC、CrN などの硬質膜の作製に多く使用されている。

表 3.5 イオンプレーティングの応用分野と使用されている薄膜材料

分　野	用　途	代表的材料
機　械	工具、歯車、カム、ベアリング、プーリ、ボルト、ナット、ピストンリング	Al、Cr、Au、TiN、CrN、TaN、TiC、CrC、TaC、MoS_2
精密機械	時計、カメラ	Au、Cu、Cr、TiN、CrN
電　子	プリント基板、リードフレーム、接点材料、電極材料、抵抗素子、表面弾性波素子、保護膜、エレクトロクロミック膜	Au、Ag、Cu、Ni、Ni-Cr、C、Re、Ru、Al_2O_3、SiO_2、ZnO、In_2O_3、SnO_2、AlN、GaN、InN、SiC
音　響	磁気ヘッド、スピーカコーン、圧電素子、カンチレバー	B、C、Be、Ti、TiC
光　学	レンズ、ミラー、めがねフレーム、特殊フィルタ	In_2O_3、SnO_2、SiO_2、Al_2O_3、TiO_2、TiN、TiC、Al-Ni
装飾・包装	装飾フィルム、プラスチック容器、装身具、自動車部品	Al、Au、Cr、Sn、Cu、Ni、Au-Cr、TiN、CrN
防　食	めっき代替、機械、ボルト、光学部品	Al、Zn、Cr、Ti、SiO_2

3.3 スパッタリング

▶ 3.3.1 スパッタリングの原理

　真空容器内に導入した Ar、Ne などの不活性ガスをイオン化し、そのイオンをターゲットと呼ばれる固体試料表面に衝撃させ、ターゲットの原子、場合によっては分子やクラスタを中性状態ではじき出し、基板上に付着させる

薄膜作製法をスパッタリングあるいはスパッタという。スパッタリング現象は、1852年に、W. R. Groveによって最初に観察されたが、この現象を表面処理に積極的に利用するようになったのは、1960年以降である。スパッタリングは薄膜作製技術としてよく使われており、応用範囲も広い。

スパッタリングの方式は、**図3.9**に示すように、プラズマを直接用いる方式（プラズマ方式）とイオンビームを用いる方式（イオンビーム方式）とに大別される。

スパッタリング現象は、一般的には高エネルギーイオンのターゲットへの衝突により、中性のターゲット原子が飛び出す現象である。ターゲット上では、この現象だけではなく、いくつかの付随した現象が生じている。このことはスパッタリング現象を複雑にしており、スパッタリング現象の物理的説明は非常に不十分な状態にある。

1個のイオンの衝撃によりたたき出される原子の数をスパッタ率（atoms/ion）と言い、このスパッタ率によってターゲット面でのスパッタリング現象の多くは説明される。スパッタ率は、(1) 入射イオンのエネルギー、(2) 入射イオンの種類、(3) 入射角度、(4) ターゲット材料、に関連している。

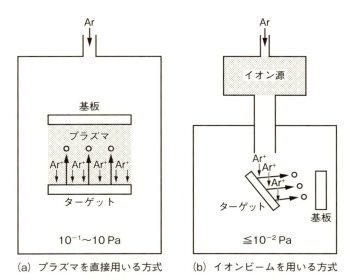

図3.9 スパッタリングの方式

入射イオンのエネルギー E が物質の結合エネルギー H (金属では $2\sim 8\,\mathrm{eV}$) を越すと、格子位置原子の変位、表面移動、表面欠陥の生成などが起きる。さらに E が増大し、およそ $4H$ を越すと、原子が格子点から空間に出され、スパッタが始まる。この限界の値をスパッタリングの閾エネルギーと呼んでいる。金属ではおよそ $10\sim 30\,\mathrm{eV}$ である。E が数百 eV を越すとスパッタリングと同時に入射イオンが格子内に入り込むようになる。

さらに E が増し、$1\,\mathrm{keV}$ を越すと、スパッタリング効果が大きくなる。イオンの侵入深さも大きくなり、E に応じてスパッタ率もターゲット物質の損傷も大きくなる。E が約 $5\,\mathrm{keV}$ 以上では、スパッタ率は飽和してくる。この飽和現象は、入射イオンの原子番号に依存し、軽元素ほど早く現れる。E が数十 keV になると、スパッタ率は低下しはじめ、ターゲット中に侵入するイオンの方が多くなる。

スパッタ率は不活性ガスのところで特に大きくなり、このため不活性ガスが用いられる。通常経済性から Ar が使用される。また、スパッタ率はターゲットの構成元素と相関があり、貴金属で高い値となる。入射イオンが斜めから入射するとスパッタ率は一般に高くなり、約 $40°$ の入射角で最大となる。

スパッタリングでは、次のような過程から薄膜が形成される。

(1) まずスパッタリング現象が起きる。すなわち、ターゲットがイオンにより衝撃される。この際にはいかにして安定なプラズマやイオン源を作るかが問題となる。

(2) ターゲットから飛び出た原子や分子が基板まで到達する。この際、原子や分子はプラズマ空間中や真空中を輸送されるが、散乱などの現象が生じ、ガス圧力に影響される。

(3) 基板に到達した原子や分子の析出が起きる。図 3.2 に示したように、まず基板に固着され、この後薄膜の成長が行われ、薄膜形成が終了する。この際基板上での薄膜形成過程は、再スパッタリング、釘打ち効果、回り込み現象などの影響があり、複雑である。

スパッタリングはプラズマ方式の場合、ガス中蒸着である。この影響が形成した薄膜に現れる場合がある。スパッタリングにより作製される膜の構造についての Movchan、Demchischin および Thornton によるモデルを**図 3.10** に示す。基板温度と Ar 圧力により、領域 1、領域 T、領域 2、領域 3 の 4 領

3.3 スパッタリング

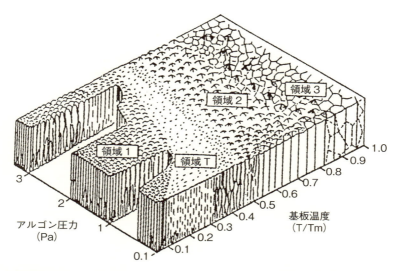

図3.10 円筒マグネトロンスパッタリングにより作製した薄膜の構造に対する基板温度（融点 T_m で規格化してある）および Ar 圧力の影響

域に分類される。

　領域1では、入射原子の表面移動が小さく、先細り結晶粒（tapered crystallites）とボイド（voids）が見られる。柱状構造（columnar structure）を示すが、膜は多孔質で結晶欠陥も多い。領域 T は領域1と2の間の遷移領域である。この領域は金属ではほとんど現れない。繊維構造（fiber structure）になり、表面は巨視的には滑らかである。領域2では自己拡散、表面拡散が盛んになり、はっきりした柱状構造が現れる。領域3では、柱の直径が次第に大きくなり、表面は平滑になる。$T/T_m \geq 0.75$ では、柱の中で再結晶が進み、等方的で固体の多結晶に近い膜となる。

　このようにスパッタリングで得られる膜は、真空蒸着の場合と比較して複雑であり、いろいろな因子が絡んでいる。スパッタされた原子の運動エネルギーは、10〜20 eV であり、真空蒸着の場合より約100倍も大きい。このことも形成される薄膜の膜質に影響している。

3.3.2 スパッタリングの方法および装置

スパッタリングにはいろいろな方式があり、それに伴い各種装置が開発されてきた。代表的なスパッタリング方式の名称と特徴を**表3.6**にまとめて示す。反応性イオンプレーティングと同様、Arの他に反応ガスを導入した反

表3.6 代表的なスパッタリング方式の名称と特徴

スパッタ方式	スパッタ材料	動作圧力 (Pa)	スパッタ電圧(kV)	生成速度 (Å/s)	特徴
直流2極	導電体	1～10	1～7	～1	構成が簡単。
直流3極または4極	導電体	0.1～1	0～2	～数	低圧力、低電圧、4極は3極より放電開始電圧低い。
高周波	ほとんど全ての材料	～1	0～2	～20	構成が簡単、金属のスパッタには電極に直列にCを入れる。
マグネトロン	ほとんど全ての材料	～0.1	0.2～1	数10～500	高速、低温、電場と磁場直交、強磁性体には工夫要。
対向ターゲット	ほとんど全ての材料	～0.1	0.2～1	数10～500	高速、低温、平行平板ターゲットと垂直磁場の放電。
イオンビーム	ほとんど全ての材料	≤0.01	～5	～数	低温、高真空、高純度膜、差動排気を用いる。
直流バイアス	導電体	1～10	1～7	～1	基板を陽極に対し、0～500Vの範囲でバイアス、高純度膜。
非対称交流	導電体	1～10	1～5	～1	高純度膜。
ゲッタ	活性金属	1～10	1～7	～1	プレスパッタで活性ガスを除去。
反応性	ほとんど全ての材料	0.1～10	0.2～7	数～300	スパッタ雰囲気中に活性ガスを添加する。化合物膜。

応性スパッタリングにより様々な化合物が合成できる。Ar 以外に酸素、窒素、メタンなどの反応ガスを導入し、金属ターゲットより、この金属の酸化物、窒化物、炭化物などの化合物を合成することができる。表 3.4 に示す反応ガスが用いられる。この反応性スパッタリングにより、合成が容易になされていない化合物を合成することも可能となり、スパッタリングの大きな特色となっている。

各種スパッタリング方式での装置構成を図 3.11 に示す。

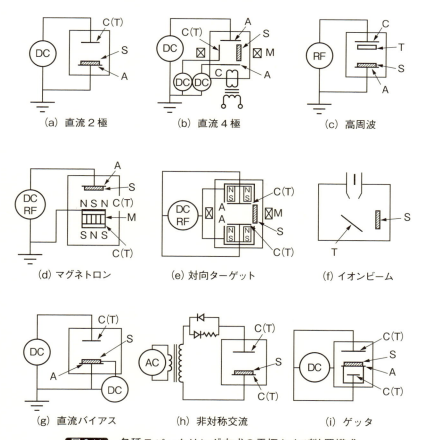

図 3.11 各種スパッタリング方式の電極および装置構成
C：カソード、T：ターゲット、A：アノード、S：基板、DC：直流電源、AC：交流電源、RF：高周波電源、I：イオン源、M：磁界

第3章 物理蒸着（PVD）法

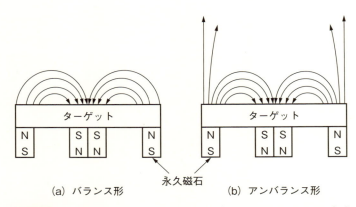

(a) バランス形　　永久磁石　　(b) アンバランス形

図3.12 マグネトロン・スパッタリング・カソードの2つの方式

　現在では、基板温度を低温に保ち、高速のスパッタリングが行えるマグネトロン方式（マグネトロンスパッタリング）が多く用いられている。この方式では、直交電磁界中の電子のらせん運動を利用した放電による高密度のプラズマを利用している。

　このマグネトロン方式においても、**図3.12**に示すようにバランス型とアンバランス型がある。このアンバランス型は1986年に開発され、最近では硬質膜作製などに広く用いられている。図3.12に示すように、カソードであるターゲット直下に同心円上に配置した永久磁石の磁場がターゲット上で収束するため、プラズマはターゲット近傍に集中し、高密度のプラズマとなり、高速スパッタリングが行える。磁場がターゲット上で完全に収束するように磁石を配置した場合をバランス型という。

　これに対し、外側と内側とで磁石の強さを変え、磁場がターゲット上で完全には収束しないようにし、磁力線が漏れている場合をアンバランス型という。ターゲット付近で作られたプラズマ中には、いろいろなエネルギーを持った電子が存在している。マグネトロンスパッタリングでは、高エネルギーを持った電子は磁場による閉じ込めから逃がれる。バランス型の場合、高エネルギー電子はアノードに向かう。

　アンバランス型の場合、この電子は漏れた磁力線に捉えられ、ガス原子とイオン化衝突を行う。このため、ターゲット表面から離れた位置にもプラズマが作られ、プラズマがターゲット前方に広がった形になる。このため、ア

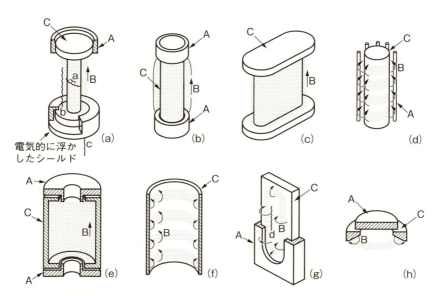

図3.13 各種バランス形マグネトロンスパッタリング電極の構成
A：アノード、B：磁界の方向、C：カソード、(a)、(b)円筒マグネトロン、(c)矩形マグネトロン、(d)リング放電マグネトロン、(e)円筒ホローマグネトロン、(f)リング放電ホローカソードマグネトロン、(g)プレーナマグネトロン、(h)スパッタガン

ンバランス型では、イオンの効果を積極的に利用することができる。このことにより、アンバランス型は反応性スパッタリングに適している。

図3.13に各種バランス型マグネトロンスパッタリング電極の構成を示す。各種スパッタリング装置における電流-電圧特性を図3.14に示す。数百Vの電圧で高い電流密度が得られるマグネトロン型の効率の良さがわかる。

プラズマを発生させる電源には、直流電源と高周波電源が用いられている。直流電源は高周波電源に比べ価格が安いため、大型の装置にも比較的容易に用いることができる。また大型装置で直流電源を用いた場合に生じる異常放電に対する対策も、パルス技術の採用、防止電源の開発などにより、十分行われるようになったことも重要である。

ただし、直流電源はターゲットが導電体の場合は使えるが、絶縁体の場合は使えなくなる。このため、ターゲットが絶縁体の場合は、高周波電源を用

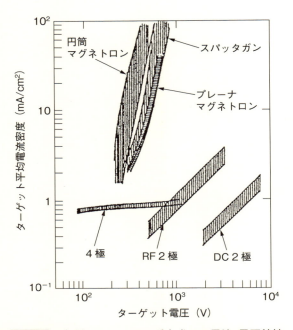

図 3.14 各種スパッタリング方式での電流-電圧特性

い、自己バイアス効果を利用する。高周波電源は、導電体のターゲットの場合も用いることができ、導電体、絶縁体のどちらにも使える点が有利である。

通常、プラズマ方式の場合、膜中にスパッタリングに使用する Ar などの不活性ガス原子が取り込まれる。これに対し、イオンビーム方式では高真空下での膜形成が行えるため、高純度な膜が得られる。

ターゲットとしては、金属、合金、混合物、化合物、粉末、高分子材料などほとんどの材料を使うことができる。合金の場合、真空蒸着と比べ、膜形成の際の組成のずれは小さく、組成制御も比較的容易である。

現在、次のような種類のターゲットが用いられている。

（1）単板ターゲット

組成が均一の材料を用いる。焼結材料の場合は通常純度が低下している。

（2）粉末ターゲット

粉末試料をステンレス鋼製などの容器に入れ、用いる。不純物の影響が大

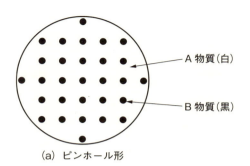

(a) ピンホール形

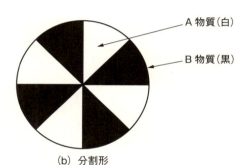

(b) 分割形

図 3.15　複合ターゲットの例

きいが、簡単に組成を変化させることができる。

(3) 複合ターゲット

　合金などの薄膜を作製する際に用いる。合金の構成元素でターゲット表面を構成する。構成元素の並べ方、面積比などにより、作製膜の均一性や組成が制御される。図 3.15 に複合ターゲットの例を示す。

(4) 複数ターゲット

　複数個のターゲットを用い、多層膜、合金膜などを作製するのに有効である。多層膜の場合、ターゲットを回転させる方式と基板を回転させる方式とがある。

▶ 3.3.3　スパッタリングの特徴

　スパッタリングの長所と短所を以下にまとめて示す。

［長所］
(1) 金属、合金、混合物、化合物、粉末、高分子材料などいろいろな物質をターゲットとすることができる。物質間で膜形成速度に大きな差がないので多層膜の作製技術としても優れている。合金の場合、真空蒸着と比べ膜形成の際の組成のずれは小さく、制御も比較的容易である。また、高温で解離する化合物の膜も、高融点物質、低蒸気圧物質の膜も容易にできる。
(2) 膜の厚さの制御が容易にできる。10 nm以下の均一な厚さの連続膜も作製できる。
(3) 付着強度が一般的に大きい。
(4) 薄膜の結晶状態の制御が可能である。単結晶薄膜の低温合成、異常構造の凍結、優先方位の制御が行える。
(5) 真空蒸着でしばしば生じる塊状体の形成が起きる危険性が少ない。
(6) 高温材料の低温合成が行える。
(7) 複合材料の合成が行える。
(8) 低温ドーピングができる。
(9) スパッタエッチングが行える。
(10) 蒸発源からの熱放射が少ない。このため長時間作動が容易である。
(11) 大面積の基板にも均一な膜形成が行える。
(12) ターゲットの寿命が長い。したがって連続製造に適しており、自動化も容易である。

［短所］
(1) マスキングが困難である。プラズマ方式の場合、動作圧力が高真空での蒸着に比べ高いため、散乱の影響が大きい。一方、イオンビーム方式では、動作圧力が低いため、可能になる。
(2) 高純度膜が得にくい。イオンビームスパッタの採用、ターゲット成分の純度の向上、クライオポンプなど高性能真空ポンプの使用、十分なベーキング、高純度ガスの使用などのため不純物の影響はかなり避けられるようになったが、どうしてもスパッタガスの原子（Arなど）は膜中に入る。イオンビームスパッタリングの場合、高純度膜は得やすいが、膜形成速度が小さい。

(3) 比較的平滑面が得にくい。ただし、工夫により、平滑面を得ることは可能である。
(4) 方式によっては強磁性体の高速スパッタリングができない。これも、工夫により解決できている。

▶ 3.3.4 スパッタリングで作製されている材料および応用分野

スパッタリングの応用分野は広い。**表 3.7** に代表的な応用分野と作製されている材料を示す。

特に最近では、スパッタリングは、LSI、ハードディスク、表面弾性波デバイスといった、比較的小面積の電子デバイスへの応用のみならず、大面積あるいは大容量のガラス板、ステンレス鋼板、粉体などの表面改質にも使われている。ビルの窓には（あるいは壁として）、昔のように単に透明ではなく、コーティングされ着色して見えるガラス板が省エネルギーとデザインの見地から使用されるようになった。

こういったガラス板は、太陽光の可視光を透過し、熱線（近赤外光）を反射または吸収する。このガラス板には、スパッタリングにより二酸化チタン、酸化亜鉛、二酸化スズ、窒化チタン、銀などが多層膜としてコーティングされている。2 m×3 m といった大型のガラス板にも、均一の膜厚でコーティングすることが可能になっている。また、液晶ディスプレイや有機 EL ディスプレイが広く使われている。このディスプレイには、酸化インジウムスズ（ITO）を主とする透明導電膜をコーティングしたガラス板が用いられている。最近では、このコーティングはスパッタリングにより行われている。この透明導電膜は、プラズマディスプレイ、太陽電池などにも使われている。

さらに、ビルやエレベータの内装材に金色のステンレス鋼板が使われている。これには、スパッタリングなどによる窒化チタンがコーティングされている。また、繊維へのコーティングにスパッタリングが用いられている。このように、スパッタリングは大型化や自動制御がしやすいことから、工業的に広く使われている。

違った種類の材料を精密に積層して作る多層膜の研究も盛んに行われている。金属多層膜の場合、スパッタリングや真空蒸着により作製されている。研究されてきた多層膜の目的と材料の組み合わせを**表 3.8** に示す。

表3.7 スパッタリングの応用分野と使用されている薄膜材料

分野	素子	用途	代表的材料
電子工業	集積回路・半導体素子	電極、配線 絶縁膜、保護膜 半導体	Au、Al、Al合金、Ti、Pt、Mo-Si、Pt-Si SiO_2、SiO、Si_3N_4、Al_2O_3 Si、Ge、Se、Te、CdS、ZnO
	表示素子	透明導電膜 エレクトロクロミック膜 絶縁膜、保護膜 螢光体	In_2O_3、SnO_2 WO_3、IrO_2、MoO_3、V_2O_5 SiO_2、Al_2O_3、Y_2O_3 ZnS、ZnS+ZnSe、ZnS+CdS
	磁気素子	軟磁性膜 硬磁性膜 ギャップ材、絶縁膜	Fe-Ni、Fe-Si-Al γ-Fe_2O_3、Co、Fe_3O_4 Cr、SiO_2、Al_2O_3
	オプトエレクトロニクス素子	光導波路 光記録 光磁気記録	ZnO、BeO TeO_x、Te-C、In-Se Gd-Tb-Co、Gd-Tb-Fe、PtMnSb
	ジョセフソン素子	超伝導膜 絶縁膜	Nb、Nb-Ge、NbN、La-Ba-Cu-O、La-Sr-Cu-O、Y-Ba-Cu-O SiO_2、SiO
	その他	抵抗膜 誘電体膜 圧電体膜 サーマルヘッド	Ta、Ta_2N、Ta-Si、Ni-Cr $LiNbO_3$、$K_3Li_2Nb_5O_{15}$、AlN、SiO_2、PLZT ZnO、$BaTiO_3$、PZT Ta_2N、SiO_2、Ni-Cr、SiC、Si-Ta
エネルギー関連工業	太陽電池	電池 透明導電膜 電極 反射防止膜	a-Si、Si In_2O_3+SnO_2 Al、Ag、Ti SiO_2、SiO
	光熱変換素子	選択吸収膜 反射膜 選択透過膜	ZrC-Zr Ag、Al In_2O_3、SnO_2
光学工業	―	反射膜 反射防止膜、保護膜 シャドーマスク	Ag、Al、Au、Cu SiO_2、TiO_2、MgF_2 Cr
機械工業	―	耐摩耗 耐食 耐熱 潤滑	Cr、Ta、Pt、TiC、TiN Al、Zn、Cd、Ta、Ti、Cr W、Ta、Ti MoS_2
プラスチック工業	―	装飾	Cr、Al、Ag、Au、TiC、Cu

3.3 スパッタリング

表3.8 金属系多層膜の目的と作製例

目的		作製例
高圧相の実現（界面歪効果）		Au/Cr/Au、Ag/Pd/Ag、Au/V/Au、Ag/V/Ag
化合物相の形成		$Nb_{0.8}Ge_{0.2}/Nb_{0.8}Si_{0.2}$、Al/Ti、Al/W、Cu/Al、Ti/Ni、Nb/Al
強制固溶体の形成（イオンビーム混合法）		Fe/Al、Fe/Ti、Ni/Al、Pd/Al、Pt/Al、Ag/Cu、Ti/Ni
アモルファス相の形成		Au/La、Hf/Ni、Zr/Co
相互拡散		Au/Ag、Cu/Au、Cu/Pd、Nb/Ta、Cu/Ni、Ag/Pd、Au/Ni、Nb/Zr
回折格子	X線	W/C、AuPd/C、ReW/C
	中性子	Fe/Ge、Fe/SiO、Ni/SiO
構造		Nb/Ta、Nb/Cu、Cu/Ni、Ti/Ag、Nb/Al、Pb/Ag、Nb/Zr、Fe/V、Pb/Au、Fe/Fe-O
輸送的性質		Nb/Cu、Cu/Ni、Mo/Ni、PbTe/Bi、Cr/SiO_x
超伝導	擬2次元超伝導体	Nb/Cu、In/Ag、Sn/Ag、Al/Ge、$Nb_{0.53}Ti_{0.47}$/Ge、Nb/Ge、V/Ag
	その他	Nb/Al、Nb/Ti、Nb/Zr、Nb/Co、V/Ni、In/In_2O_3、Pb/Bi、Au/Ge、Ag/Pd/Ag、Au/Cr/Au
磁性	擬2次元強磁性体	Ni/Cu、Fe/SiO、Ni/SiO、Fe/Mg、Fe/Sb、$Fe_{0.8}Co_{0.2}$/Si、Fe/V、Co/Sb、Sb/Fe/Sb、Au/Ni/Au、Fe/Mn、MnSb/Sb、Co/Pd
	その他	Fe/Gd、Ni/Mn、Co/Mn、$Ni_{0.79}Fe_{0.21}$/Ni、NiO/CoO、Fe_3O_4/NiO、Fe_3O_4/CoO、Tm/Lu、Gd/Y、Dy/Y、Y/Fe
力学的性質	弾性定数の増大	Cu/Ni、Cu/NiFe、Au/Ni、Cu/Pd、Ag/Pd、Al/Cu、Cu/Au
	微小硬さ	TiC/Ni、TiC/TiB_2、Cr/Cu、Ti/Ni、Ag/Al、Ag/Au、Ag/Cu、Au/Cu、Au/Fe
水素吸蔵		Nb/Ta
比熱、表面音波、フォノン		Nb/Zr、Mo/Ni、Cu/Nb、SnTe/Sb

Column

● インライン式と枚葉式 ●

　フラットパネルディスプレイ、半導体デバイス、太陽電池、磁気デバイスなどの作製においては、いろいろなプロセスを経て製作される。

　大型基板への透明導電膜形成には、インライン式スパッタリング装置が用いられている。ここでは、ロードロック室、クリーニング室、バッファ室、ベーキング室、スパッタリング室、バッファ室、アンロード室が1列に連結され、これらをトレイに置かれたガラス基板が流れて連続的に処理される。生産性は高いが、この場合、1カ所のプロセス室で故障が起きたとき、全プロセスが止まってしまう。これを解決する方式として、枚葉式が開発され、半導体ウェーハなどの処理に使われている。

　枚葉式では、中央に基板搬送ロボットを備えたロードロック室を置き、外との基板搬入、搬出ができる。このロードロック室の周りに、ゲートバルブを介して成膜室などがつながっている。ロードロック室の基板搬送ロボットで、必要な室に順番に送られる。成膜室は複数個の設置が可能で、1カ所が故障した際にも振替成膜室が用意してあれば、全体として装置が止まることはない。成膜には、蒸着、スパッタリング、CVDなど用途によって設置することができ、加熱室などを設置することも可能である。

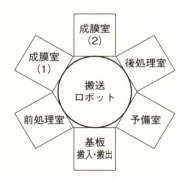

図　真空成膜装置（枚葉式）の概略図

第4章

化学蒸着（CVD）法

　PVD 法に対し、反応容器に1種類以上のガスを導入し、熱、プラズマ、光などの作用により、分解、還元などいろいろな化学反応を起こし、薄膜を形成する方法を化学蒸着（CVD）法という。特に、反応ガスにモノマーを用い、プラズマを利用しポリマーを合成する手法をプラズマ重合という。この CVD とプラズマ重合につき、(a) 原理、(b) 方法および装置、(c) 特徴、(d) 作製されている材料および応用分野について述べる。

4.1 CVD

▶ 4.1.1 CVD法の原理

　CVDは、薄膜にしたい材料の構成元素を含む化合物の1種以上の原料ガスを基板上に供給し、気相または基板表面での化学反応により薄膜を作製する方法である。CVDでは広範囲にわたる多種類の材料の薄膜が作製できる。原料ガスの組み合わせにより、全く新しい構造や組成の薄膜を作ることもできる。

　CVDの歴史は古いが、誰が最初に始めたのかは不明である。1880年に、SawyerとManにより、熱分解によるカーボン薄膜の作製に関する特許が、アメリカで申請されており、工業化を目指した早いCVD例と言える。

　化学反応を起こさせるエネルギーの与え方により、熱CVD、プラズマCVD、光CVDに大別される。熱CVDが歴史的に古く、基本となっている。これらの方式を複合させた方式も用いられている。

　CVDで、薄膜は、図4.1に示す次のような過程から形成される。
(1) 反応ガス（原料ガス）の基板表面への到達
(2) 反応ガス分子の基板表面への吸着

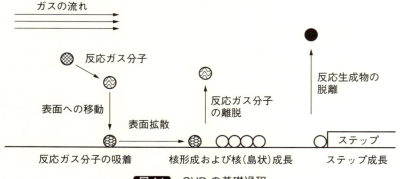

図4.1 CVDの基礎過程

(3) 基板表面での化学反応、移動、核形成、成長
(4) 基板表面からの反応生成物の脱離、拡散、除去

　これらの過程のうち、最も遅い過程がCVD反応を律速する。気相中で反応ガスが反応し、前駆体（プリカーサという）を形成し、この前駆体が表面での反応に寄与する場合もある。また、気相中での反応のみで、この反応生成物が基板上で堆積し、膜形成が行われることもある。

　次にCVDに用いられている主な化学反応を例とともに示す。

① 分解

　　　$SiH_4(g) \rightarrow Si(s) + 2H_2(g)$　　（gは気体、sは固体を示す）
　　　$Ni(CO)_4(g) \rightarrow Ni(s) + 4CO(g)$

② 還元

　　　$SiCl_4(g) + 2H_2(g) \rightarrow Si(s) + 4HCl(g)$
　　　$SiCl_4(g) + 2Zn(s) \rightarrow Si(s) + 2ZnCl_2(g)$
　　　$WF_6(g) + 3/2Si(s) \rightarrow W(s) + 3/2SiF_4(g)$

③ 酸化

　　　$SiH_4(g) + O_2(g) \rightarrow SiO_2(s) + 2H_2(g)$
　　　$SiH_4(g) + 2O_2(g) \rightarrow SiO_2(s) + 2H_2O(g)$

④ 加水分解

　　　$2AlCl_3(g) + 3CO_2(g) + 3H_2(g) \rightarrow Al_2O_3(s) + 6HCl(g) + 3CO(g)$

⑤ 窒化物形成

　　　$SiH_4(g) + 4NH_3(g) \rightarrow Si_3N_4(s) + 12H_2(g)$

⑥ 炭化物形成

　　　$TiCl_4(g) + CH_4(g) \rightarrow TiC(s) + 4HCl(g)$

⑦ 有機金属化合物合成反応

　　　$(CH_3)_3Ga(g) + AsH_3(g) \rightarrow GaAs(s) + 3CH_4(g)$
　　　$(CH_3)_3Cd(g) + H_2Se(g) \rightarrow CdSe(s) + 2CH_4(g)$

⑧ 不均等化反応

　　　　　　低温
　　　$2GeI_2(g) \rightleftarrows Ge(s) + GeI_4(g)$
　　　　　　高温

$$2\text{SiI}_2(g) \underset{\text{高温}}{\overset{\text{低温}}{\rightleftarrows}} \text{Si}(s) + \text{SiI}_4(g)$$

⑨ 化学輸送

$$\text{GaAs}(s) + 6\text{HCl}(g) \underset{\text{低温}}{\overset{\text{高温}}{\rightleftarrows}} \text{As}_4(g) + \text{As}_2(g) + \text{GaCl}(g) + 3\text{H}_2(g)$$

⑩ 複合反応

$$2\text{AsCl}_3(g) + 3\text{H}_2(g) \rightarrow 1/2\text{As}_4(g) + 6\text{HCl}(g)$$
$$2\text{Ga}(l) + 2\text{HCl}(g) \rightarrow 2\text{GaCl}(g) + \text{H}_2(g) \quad (l は液体を示す)$$
$$2\text{GaCl}(g) + 1/2\text{As}_4(g) + \text{H}_2 \rightarrow 2\text{GaAs}(s) + 2\text{HCl}(g)$$

▶ 4.1.2　CVDの方法および装置

図4.2に示すように原料ガスを反応室に送り、熱、プラズマまたは光の作用により反応を起こさせる。この際、次のような因子を考感し、最適条件を求める必要がある。

（1）反応系（原料ガス）の種類および組成

いろいろな原料ガスを選択できるが、通常、室温で気体の材料をそのまま、あるいは室温で十分大きな蒸気圧を示す液体あるいは固体材料を気化して使用する。

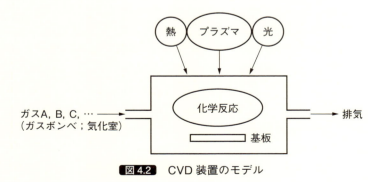

図4.2　CVD装置のモデル

4.1 CVD

　薄膜作製は原料ガスの組成に大きく影響され、Ar、H_2、N_2などのキャリヤガスが使われる。原料としては、水素化物、ハロゲン化物、炭水化合物、カルボニル、有機化合物などが用いられる。化合物を作る際は、ガス組成の選択が重要である。

　原料として炭素−金属結合を持つ有機金属化合物を用いたCVDは、MOCVD（metalorganic CVD）と呼ばれ、現在Ⅲ-Ⅴ族およびⅡ-Ⅵ族化合物半導体の結晶成長や超格子の作製に用いられている。結晶成長の面からは、MOVPE（metalorganic vapor phase epitaxy）と呼ばれる。また、MOの代わりに、OM（organometallic）が使われることもある。

　有機金属化合物のうち、よく使用されているアルキル金属化合物の例を**表4.1**に示す。表4.1に示した元素では水素化物が得られないため、室温付近で比較的蒸気圧の高いアルキル化合物が使われるようになった。化合物薄膜を作製する場合のもう一方の原料としては、上記の反応例で示したように通常水素化物が用いられる。

表4.1 MOCVDに用いられるアルキル金属化合物の例

周期＼族	ⅡB	ⅢB	ⅣB
3		$(CH_3)_3Al$、$(C_2H_5)_3Al$	
4	$(CH_3)_2Zn$、$(C_2H_5)_2Zn$	$(CH_3)_3Ga$、$(C_2H_5)_3Ga$	
5	$(CH_3)_2Cd$、$(C_2H_5)_2Cd$	$(CH_3)_3In$、$(C_2H_5)_3In$	$(CH_3)_4Sn$、$(C_2H_5)_4Sn$
6	$(CH_3)_2Hg$、$(C_2H_5)_2Hg$		$(CH_3)_4Pb$、$(C_2H_5)_4Pb$

　最近、反応させる2種類の原料ガスを反応室に交互に供給し、表面吸着を利用して、1分子層ずつ化合物を成長させていく新しい方法が開発された。原子層エピタキシー（ALE；atomic layer epitaxy）または分子層エピタキシー（MLE；molecular layer epitaxy）と呼ばれ、ZnS、ZnTe、GaAsなどの品質に優れた単結晶薄膜が作られている。

（2）圧力

　初期には常圧で行うCVDが主であったが、現在は膜厚の均一性、成長速

度などの向上のため、減圧で行い、圧力を1つの因子として変化させ最適化が図られている。プラズマCVDでは、低温プラズマ発生のためには減圧しなければならない。光CVDでも圧力を変化させ、最適化が図られている。

（3）温度

熱CVDでは温度により薄膜の成長が左右される。膜の構造、物性、密着性（付着力）などに影響は大きく、重要な因子となっている。基板やデバイスとの関連から低温化が図られ、プラズマCVDや光CVDが開発されたが、これらの方式においても温度は重要な条件である。

原料ガスとしてSiH_4とN_2Oを用い、SiO_2膜を作製する際の温度は、熱CVDでは400～800℃、プラズマCVDでは200～300℃、光CVDでは約100℃である。SiH_4とNH_3からSi_3N_4膜を作製する際の温度は、常圧熱CVDで700～1,150℃、減圧熱CVDで650～900℃、プラズマCVDで300～500℃、光CVDで約100℃と大きく変化している。こうして違った方式で作られた膜の物性は通常異なっている。

基板の加熱に関し、通常は基板のみを加熱するコールドウォール形であるが、反応室全体を加熱し、同時に基板も加熱するホットウォール形もある。

（4）反応室の構造

反応室の構造は、作製される薄膜の品質や成長速度に大きく影響を与えている。特に量産する場合には十分な設計が必要である。構造としては、**図4.3**に示す水平形、縦形、バレル形などいろいろ考えられており、基板は水平、垂直、あるいは斜めに置かれ、回転することもある。ガスの導入方法、排気方法に工夫が必要であり、ガスの流れが膜質に影響を与える。

CVDでは危険なガスを使用することも多く、その取り扱いには十分注意しなければならない。また反応済ガスの処理にも考慮が必要である。

各CVDの方式により、反応装置の構成は異なる。その概略を述べる。

（1）熱CVD

熱CVDの装置構造には、水平形、縦形、バレル形などがある。基板の加熱をいかに行うかが重要である。基板の加熱方式には、抵抗加熱、高周波誘導加熱、赤外線ランプ加熱、レーザ加熱などがあり、**表4.2**に各種の加熱方法を示す。装置の構造や作製する薄膜の種類により、その方式は選択される。通常基板は約1,200℃まで加熱可能である。

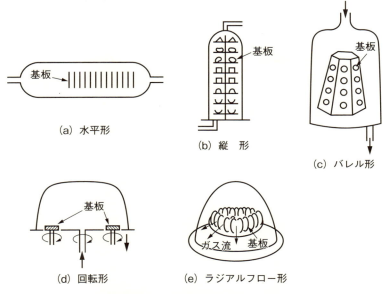

図 4.3 CVD 装置の反応室の構造

(2) プラズマ CVD

　プラズマ CVD は、反応ガスをプラズマ状態にし、活性なラジカルやイオンを生成させ、活性環境下で化学反応を行わせ、低温で基板上に薄膜を形成させる方法である。圧力は、1～100 Pa で行われる。通常の CVD では反応ガスを約 1,000 ℃に加熱して、高温で薄膜作製を行うが、プラズマ CVD では 300 ℃前後の温度で健全な薄膜作製が行える。

　プラズマ発生には、表 1.1 に示した各種方式を用いることができる。実際には、高周波放電とマイクロ波放電とが多く使われている。各種プラズマ CVD の装置構成を**図 4.4** に示す。このうち、よく使われる平行平板形高周波プラズマ CVD 装置の模式図を**図 4.5** に示す。また、プラズマ発生部を基板から離れた位置に設置するリモート方式のマイクロ波プラズマ CVD 装置例を**図 4.6** に示す。この場合、プラズマからの基板の温度上昇を防げ、イオン衝撃を小さくし、ラジカルの影響を大きくする利点がある。

　周波数 2.45 GHz のマイクロ波放電のとき、875 G の磁束密度で共鳴吸収に

表 4.2 CVD 装置の加熱方式

加熱方式	ホットプレート形	管状炉形
抵抗加熱	サセプタ／基板／ヒータ	石英管／基板／ヒータ
高周波誘導加熱	基板／グラファイトサセプタ／RFコイル	石英管／RFコイル／基板／グラファイトサセプタ
赤外線ランプ加熱	基板／サセプタ（グラファイト）／ランプ／ランプボックス	赤外ランプ／基板／グラファイトサセプタ／石英管
レーザビーム加熱	レーザビーム／基板	

より電子の運動エネルギーが増大した電子サイクロトロン共鳴（ECR；electron cyclotron resonance）現象が起きる。このとき、電離効率が高く、荷電粒子の拡散損失が少ない、強い放電を得ることができる。この ECR 現象を利用すると高活性化度のプラズマが形成でき、高真空で動作することが可能となり、より低温での薄膜形成が行える。

（3）光 CVD

光 CVD では、光化学反応を用いて薄膜を形成させる。プロセスを低温化することができ、またプラズマ CVD とは異なり、ラジカルのみが生成し基板や膜へ損傷を与えない。

光エネルギーと分子との相互作用により励起は起こるが、光の波長により、①分子の電子状態が直接励起される場合と、②分子の振動形態が直接励起される場合とがある。表 1.4 に示した光源が光 CVD に用いられている。

各種ガス分子により分解に必要な吸収波長は異なっている。紫外光または

4.1 CVD

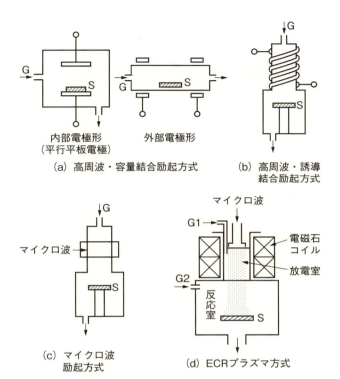

図4.4 各種プラズマCVD方式の電極および装置構成。S：基板、G：原料ガス

真空紫外光がガス分子の電子状態を励起し、分解するのに用いられる。このため低圧水銀ランプやエキシマレーザが使われている。それぞれの場合の装置の概略図を図4.7に示す。光透過窓に膜が形成され光透過率が低下することを防止することが重要で、不活性ガスの吹き付けなど工夫が必要である。

低圧水銀ランプを用いる場合、原料ガス中に微量の水銀蒸気を混ぜ、水銀原子の励起を利用し、反応を促進させる水銀増感法も用いられている。

多くのガス分子は赤外領域の光により分子振動が励起される。CO_2レーザやArレーザにより、振動励起により分子結合を切り、反応に用いる方法もある。

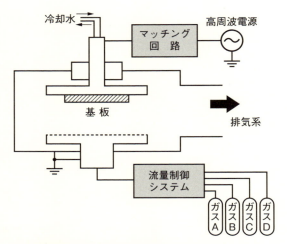

図4.5 平行平板形高周波プラズマ CVD 装置

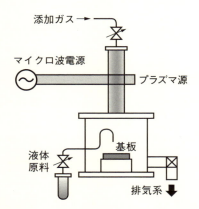

図4.6 リモート方式のマイクロ波プラズマ CVD 装置

▶ 4.1.3 CVD の特徴

　各種方式により長所、短所は異なっているが、CVD について一般的に言える長所、短所をまとめておく。

［長所］
(1) 極めて多種類の材料の薄膜が作製できる。膜厚、膜質の均一性がよい。

4.1 CVD

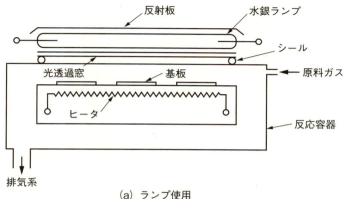

(a) ランプ使用

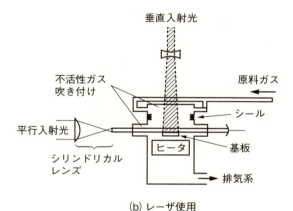

(b) レーザ使用

図 4.7　光 CVD 装置

(2) 組成制御の自由度が大きく、多成分の膜も作れる。薄膜の物性制御が容易である。また多層膜の形成が容易である。
(3) 一般に形成速度が大きい。通常数 μm/min で数百 μm/min も可能である。ただし、光 CVD では速度は小さいとされている。
(4) 基板への密着性に優れている。また回り込みがよい。
(5) 方式によっては低温での形成が可能である。この場合、基板との反応を防止できるし、プラスチックなどの非耐熱性基板の使用が可能となる。
(6) 装置が簡単で、生産性が高く、再現性に優れている。

第4章 化学蒸着（CVD）法

［短所］
(1) 熱CVDでは高温のため基板材料が限られる。耐熱性の基板に向いている。
(2) 反応を制御する因子が多い。装置設計が重要である。コンピューターシミュレーションにより、反応プロセスを解析することができるようになり、これを併用することで解決できる。

▶ 4.1.4 CVDにより作製されている材料および応用分野

熱CVDでは極めて多くの種類の材料が作製されてきた。代表的な作製された材料を**表4.3**に示す。密着性が極めて大きく、TiC、TiN、SiC、BNなど

表4.3 熱CVDで作製された薄膜材料

種類		作製された材料
金属	単金属	Ag、Al、Au、B、Be、Bi、Co、Cr、Cu、Fe、Ir、Mo、Nb、Ni、Pb、Pt、Re、Rh、Sb、Sn、Ta、Ti、V、W、Zr
	合金	Al-Cr、Al-Ta、Mo-W、Ti-Ta、Ta-W、W-Mo-Re、W-Re
半導体	IV族	C（ダイヤモンド）、Si、Ge、SiGe、SiC
	III-V族	AlN、AlP、AlAs、BN、BP、GaN、GaP、GaAs、GaSb、InN、InP、InAs、AlGaAs、GaAsP、GaAsSb、GaInP、GaInAs、InAsP、GaInAsP
	II-VI族	ZnS、ZnSe、ZnTe、CdS、CdSe、CdTe
	その他	ScN、ScP、ScAs、ScAsP、YN、DyN、ErN、YbN、LuN、ZnS-GaP、ZnSe-GaP、ZnSe-GaAs、CdS-InP、$ZnSiP_2$、$CdCr_2S_4$、$ZnCr_2S_4$、SnTe、PbSnTe、PbS、PbSe、PbTe、In_2O_3、In_2O_3:Sn、SnO_2、SnO_2:Sb、V_2O_3、VO_2、V_2O_5、ZnO
酸化物		Al_2O_3、Fe_2O_3、SiO_2、ZrO_2
窒化物		Be_3N_2、HfN、Si_3N_4、TaN、TiN、Th_3N_4
ホウ化物		AlB、HfB_2、NbB_2、SiB_2、SiB_3、TaB_2、TiB_2、VB_2、WB、ZrB_2
ケイ化物		Mo-Si、Nb-Si、Ta-Si、Ti-Si、V-Si、W-Si、Zr-Si
その他		Si-As-Te、Ti(CN)、Ti-C-O

表4.4 プラズマCVDにより作製される材料とその用途

種類	代表的材料	用途
半導体	a-Si、Si、a-SiC、SiC、DLC、ダイヤモンド、GaAs、i-BN、BN	半導体基板、太陽電池、光センサ、電子感光体ドラム、薄膜トランジスタ、工具、保護膜、硬質膜
絶縁体	SiN_x、SiO_x、PSG、PBSG	保護膜、絶縁膜、平坦化用膜
金属・合金	Al、Mo、W、$MoSi_2$、$TiSi_2$	電極・配線

超硬・耐摩耗性や耐食性に優れた膜が実用化されている。

現在、プラズマCVDは電子部品への応用が主である。表4.4にプラズマCVDにより作製される材料とその用途を示した。特に、(1) デバイスプロセスにおけるパッシベーション用絶縁膜（SiNxなど）の形成、(2) 太陽電池、薄膜トランジスタなど用のa-Si系膜の形成、(3) 超硬材料、半導体材料などとしてのダイヤモンド膜、DLC（ダイヤモンドライクカーボン）膜、BN膜の形成といった3つの分野で目覚ましく発展している。今後はより広い分野への応用が期待でき、新材料開発の手段としても大変有望である。表4.5にプラズマCVDにより無機材料を作製する際、使用される反応ガスの例を示す。

光CVDでは、a-Siや結晶性の良い半導体薄膜など電子材料を中心に作製されている。損傷のなさを生かした応用が考えられている。表4.6に光CVDにより作られている材料とその際使用された反応ガスを示す。

4.2 プラズマ重合

▶ 4.2.1 プラズマ重合の原理

プラズマCVDの反応ガスを有機ガスとし、モノマー（単量体とも言い、

表4.5 プラズマCVDにより作製された無機材料とその際使用された代表的反応ガス

種類	材料	反応ガス
酸化物	Al_2O_3	$AlCl_3/O_2$
	B_2O_3	$B(OC_2H_5)_3/O_2$
	GeO_2	$Ge(OC_2H_5)_4/O_2$、$GeCl_4/O_2$
	SiO_2	$Si(OC_2H_5)_4$、$Si(OC_2H_5)_4/O_2$、$SiCl_4/O_2$、SiH_4/O_2、SiH_4/N_2O
	TiO_x	$Ti(OC_2H_5)_4/O_2$、$TiCl_4/O_2$
	PSG	$SiH_4/N_2O/PH_3$
	PBSG	$SiH_4/N_2O/PH_3/B_2H_6$
窒化物	AlN	Al/N_2、$Al/N_2/Cl_2$、$AlCl_3/N_2$
	BN	$B/N_2/H_2$、$B_2H_6/H_2/NH_3$、BBr_3/N_2、B_2H_6/NH_3
	GaN	$Ga(CH_3)_3/NH_3$
	P_3N_5	P/N_2、PH_3/N_2
	SiN_x	SiH_4/N_2、SiH_4/NH_3、$SiH_4/NH_3/N_2$、$SiCl_4/NH_3$、SiI_4/N_2
酸窒化物	$Si_xO_yN_z$	SiO/N_2、$SiH_4/N_2O/NH_3$
炭化物	GeC	GeH_4/CH_4、GeH_4/C_2H_2
	SiC	SiH_4/CH_4、SiH_4/C_2H_4、SiH_4/C_2H_2、SiH_4/CF_4、$Si(CH_3)_4/H_2$、$Si(CH_3)_4/H_2/Ar$、$SiCl_2(CH_3)_2/H_2/Ar$
	TiC	$TiCl_4/C_2H_2/H_2/Ar$
金属・合金	Al	$Al(CH_3)_3$
	Mo	MoF_6/H_2
	W	WF_6/H_2
	$MoSi_2$	MoF_6/SiH_4
	$TiSi_2$	$TiCl_4/SiH_4$
半導体	a-Si	SiH_4、Si_2H_6 このほか多数
	a-Ge	GeH_4
	DLC ダイヤモンド	CH_4、C_2H_4、C_2H_2、C_2H_5OH、CH_3COCH_3 このほか多数$/H_2$
	a-SiC	SiH_4/C_2H_2

4.2 プラズマ重合

表 4.6 光 CVD で作製された材料と使用した反応ガス

種類	材料	反応ガス
半導体	a-Si	SiH_4、Si_2H_6
	多結晶 Si	$SiCl_4$、SiH_4
	多結晶 Ge	GeH_4、$Ge(CH_3)_4$
	GaAs	$Ga/AsCl_3$
	InP	$(CH_3)_3InP(CH_3)_3/(CH_3)_3P$
	a-SiC	Si_2H_6/C_2H_2、$Si_2H_6/Si(CH_3)_2H_2$
	ZnSe	$(CH_3)_3Zn/(C_2H_5)_2Se$
金属	Al	$(CH_3)_3Al$
	Cd	$(CH_3)_3Cd$
	Cr	$Cr(CO)_6$
	Cu	$CuHF$
	Fe	$Fe(CO)_5$
	Ga	$(CH_3)_3Ga$
	Mo	$Mo(CO)_6$
	Ni	$Ni(CO)_4$
	Se	$(CH_3)_2Se$
	Sn	$(CH_3)_4Sn$
	Ti	$TiCl_4$
	Zn	$(CH_3)_2Zn$
	W	$W(CO)_5$
酸化物	Al_2O_3	$(CH_3)_3Al/N_2O$
	In_2O_3	$(CH_3)_3InP(CH_3)_3/O_2$
	SiO_2	SiH_4/O_2、Si_2H_6/O_2
	TiO_2	$TiCl_4/CO_2$
	ZnO	$(C_2H_5)_2Zn/NO_2$、$(C_2H_5)_2Zn/N_2O$
窒化物	Si_3N_4	SiH_4/NH_3

高分子化合物を作る際の低分子化合物）を重合させてポリマー（重合体とも言い、高分子の化合物）の薄膜を作る方法がプラズマ重合（plasma polymerization）である。モノマー気体や重合でできた薄膜が熱分解しないよう注意することが必要であり、通常グロー放電により低温で作製が行われる。重合の開始、成長をはじめ、全ての素過程はプラズマ中で起きる。プラズマ重合の機構に関しては、生成するラジカルが重要な役割を果たしている。

▶ 4.2.2 プラズマ重合の方法および装置

プラズマCVDと同様に、プラズマ発生には表1.1に示した各種方式を用いることができる。代表的な装置を**図4.8**に示すが、図1.10に示した因子を十

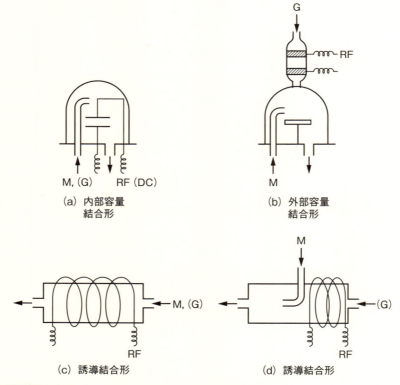

図4.8 各種プラズマ重合装置　M：出発原料（モノマー）、G：キャリヤガス

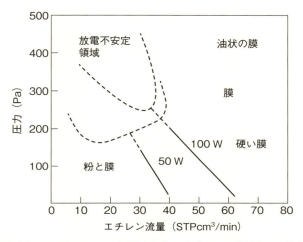

図 4.9 形成されるポリマーの高周波出力、圧力および流量への依存性の一例

分に考慮することが必要である。特にガスの流れに対し、工夫を凝らすことが重要である。

モノマーとしては、有機気体や液状化合物の気化あるいは固体化合物の昇華による気体を用いる。この際 Ar などのキャリヤガスを使用することもある。広範囲、多種類のモノマーを用いることができる。作製される膜は、モノマーの流量と圧力および高周波出力に大きく影響される。**図 4.9** にエチレンをモノマーとしたときの膜の作製領域を示す。エチレン流量、圧力、高周波出力をパラメータとして、各種性質の膜が形成できていることがわかる。

▶ 4.2.3　プラズマ重合の特徴

プラズマ重合の長所と短所とをまとめて示す。

［長所］
(1) ピンホールの少ない、均一な膜が得られる。
(2) 架橋密度が高く、硬い膜が得られ、有機溶媒に溶けない。
(3) 従来の方法で重合しないモノマーを重合させることができる。
(4) モノマーの選択性は極めて広く、共重合や積層構造化も可能である。

表4.7 プラズマ重合膜の用途と使われたモノマー

応用分野	用途	モノマー
機械的	保護膜	ビニルトリメトキシシラン、メチルトリメトキシシラン、ビニルトリメチルシラン
	固体潤滑膜	オクタメチルシクロテトラシロキサン
	防食膜	スチレン、ヘキサメチルジシロキサン、ヘキサメチルジシラザン、チオフェン、テトラフルオロエチレン
光学的	光透過膜	テトラフルオロエチレン、クロロトリフルオロエチレン
	反射防止膜	パーフルオロブテン-2
	紫外線カットフィルタ	メタン、テトラメチルシラン、テトラメチルスズ
	光導波路	ヘキサメチルジシロキサン、ビニルトリメチルシラン、α-メチルスチレン
電子的	絶縁膜	スチレン、ブタジエン、パラキシレン、アクリロニトリル
	透明導電膜	テトラメチルスズ
	有機半導体膜	フタロシアニン、S_4N_4
	レジスト膜	メタクリル酸メチル+テトラメチルスズ
化学的	逆浸透膜	ビニレンカーボネート+アクリロニトリル
	気体分離膜	臭化シアン、ニコチノニトリル、ベンゾニトリル、パーフルオロベンゼン、4-ビニルピリジン
	液体分離膜	テトラフルオロエチレン+パーフルオロ化合物、テトラフルオロエチレン+炭化水素化合物
	アルカリ金属イオン分離膜	ジシクロヘキシル-18-クラウン-6
	修飾電極	ビニルフェロセン、ビニルピリジン+イリジウム
医学的	生体適合膜	エチレン、スチレン、クロロトリフルオロエチレン、フルオロカーボン
	血液適合膜	オルガノシラン、ジシロキサン、ホルムアルデヒド
	コンタクトレンズ	アセチレン+窒素+水、N-ビニルピロリドン
	可塑剤の浸出防止	ピリジン、トリエチルシラン、テトラフルオロエチレン

[短所]

反応に影響する因子が多い。したがって再現性よく行うには工夫が必要である。

▶ 4.2.4　プラズマ重合により作製されている材料および応用分野

プラズマ重合膜は、プラスチック、ガラス、金属などあらゆる基板材料上に作製することができる。特に有機材料に対しては付着力が強い。現在、かなり多くのモノマーが重合されている。プラズマ重合膜の用途と使われたモノマーを**表 4.7** に示す。高耐久性やはっ水性・撥油性・親水性に着目した用途、光学あるいは薬学・医学分野への応用、センサ膜としての開発など、用途開発が進んでいる。

Column

● リソグラフィー ●

　半導体デバイス、プリント基板、フラットパネルディスプレイなどで、微細なパターンを形成するために使われる技術を、リソグラフィー（lithography）という。レジストと呼ばれる感光性物質を塗布した基板表面を、回路形状が描かれたマスクを介して露光することで、露光個所と非露光個所のパターンを作製する方法をフォトリソグラフィー（photolithography）と言い、多く使用されている。パターン化した基板を現像することで、回路形状が基板上で明らかになる。この後、エッチングにより、パターンを基板に転写する。このエッチングには、ウェットエッチングとドライエッチングが用いられる。

　フォトリソグラフィーに対し、最近登場したパターン形成方法に、ナノインプリント・リソグラフィーがある。基板上に流動性樹脂を塗布し、この後、凹凸の付いたパターンを形成したモールドを樹脂に押し付け、モールドのパターンを樹脂に転写する。この際、熱硬化性樹脂やUV硬化性樹脂が使用される。モールドの離型性などに課題はあるが、簡易な方法でパターン形成が行えることが特長である。

　この他、マイクロコンタクトプリンティング、ナノトランスファプリンティング、自己組織化単分子膜（SAM）リソグラフィーなど、簡易な方法が開発されている。

ドライプロセス表面加工法

　薄膜や基板を微細加工する、またパターニングを行うことは、電子デバイス、マイクロリアクタ、センサなどにおいて重要である。この手法として、エッチングが挙げられる。エッチングは、物質表面の全部あるいは一部を、化学反応により溶解あるいは気相の場合は気化させて除去することで行える。エッチングの用途、種類、方法、特徴などについて述べる。

5.1 エッチングの用途と種類

　薄膜の微細加工およびパターニングが、LSI、液晶ディスプレイ、MEMS（メムス；Micro Electro Mechanical Systems）・NEMS（ネムス；Nano Electro Mechanical Systems）といった電子デバイスやマイクロリアクタ、バイオチップなどの化学・バイオデバイスなどに使われている。この微細加工には、エッチングが用いられている。

　エッチングは、物質表面の全部あるいは一部を化学反応により溶解あるいは気相の場合は気化させ、除去することである。試料の全面を除去する場合を全面エッチング、試料の必要な部分を残し、不要な部分を除去する場合を部分エッチングと呼んでいる。また、単位時間にエッチングされる深さをエッチング速度またはエッチ速度という。

　エッチングは、物質を積極的に腐食させることであり、腐食させないようにする耐食性とは、全く逆の目的を意味している。しかし、その電気化学的基礎はお互い同じである。

　エッチングは大きく、溶液中での化学反応を利用するウェットエッチングと反応性ガス、反応性プラズマ、ラジカルなどを用いて、気相中の化学反応を利用するドライエッチングに分かれる。

　ウェットエッチングの場合、試料をエッチング溶液（エッチャントあるいはエッチ液ともいう）に漬けるだけでエッチングを行う方法を化学的エッチング（化学エッチングともいう）、試料の電位を外部から操作して行う方法を電解エッチングと呼んでいる。ウェットエッチングの模式図を、図5.1に示す。

　ドライエッチングの場合、反応性ガスの導入と試料温度の制御により行う反応性ガスエッチング、反応性のプラズマを直接用いるプラズマエッチング、反応性のプラズマを用い、通常試料を負電位にし、イオンによるスパッタリングとプラズマの化学反応性を利用した反応性イオンエッチング（reactive

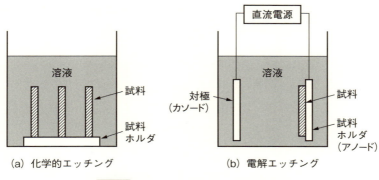

(a) 化学的エッチング　　(b) 電解エッチング

図 5.1　ウェットエッチングの模式図

ion etching、RIE)、RIE を更に進め、反応性ガスのイオンビームを用いる反応性イオンビームエッチング、プラズマの中からラジカルのみを引き出し、ラジカルのみを用いるラジカルエッチング、紫外光の照射によりエッチングガスを活性化し、励起粒子やラジカルなどの活性種を生成させ、これを用いて行う光励起エッチング、特にレーザ光による励起反応を用いたレーザアシストエッチング、エキシマレーザなどを用いて、直接物質の化学結合を切断し蒸発させるアブレーション現象を利用したレーザアブレーションエッチングなど各種の方法が開発されている。この他、化学反応を利用しないドライエッチングには、イオンによるスパッタリングを利用したスパッタエッチン

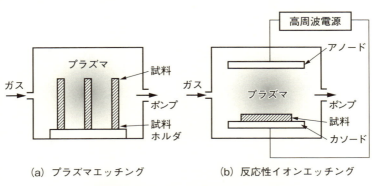

(a) プラズマエッチング　　(b) 反応性イオンエッチング

図 5.2　ドライエッチングの模式図

第 5 章　ドライプロセス表面加工法

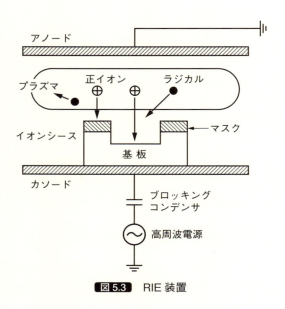

図 5.3　RIE 装置

グおよびイオンビームエッチング（イオンミリングともいう）がある。ドライエッチングの模式図を、**図** 5.2 に示す。また、よく使われている RIE 装置を**図** 5.3 に示す。

5.2 等方性エッチングと異方性エッチング

　エッチングは、その進み方によって 2 種類に分類される。エッチングがどの方向にも同じ速度で進む場合を等方性エッチングという。マスクがある場合には、**図** 5.4 に示すように、マスクの下部もエッチングされるアンダーカットの現象を生じる。また、この横方向のエッチングをサイドエッチングと呼んでいる。この際、サイドエッチングされた幅をエッチング深さで除した値を、エッチファクタという。等方性エッチングでは、マスクのパターンど

94

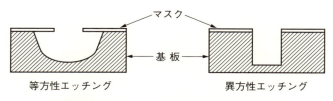

図 5.4 等方性エッチングと異方性エッチング

おりに、垂直にエッチングさせることはできない。マスクのパターンの設計には、このことを考慮することが必要である。

　一方、エッチングが試料表面に垂直に進むように、一定の方向のみに進行する場合を異方性エッチングという。マスクの下のサイドエッチングが生じないため、図 5.4 に示すように、方向性の強いエッチングを行うことができる。この場合、マスク材料もエッチングされることがあり、マスクの設計には、マスク材料のエッチング特性を考慮することが必要である。化学的エッチングでは、特定の異方性エッチング溶液が開発されており、特定の結晶面のみが優先的にエッチングされることを利用している。ドライエッチングでは、反応性イオンエッチング（RIE）により、異方性エッチングが行われる。

5.3 薄膜エッチングの特徴

　薄膜に対するエッチングは、基本的にはバルクに対するエッチングと同じである。ただし、薄膜の組織、緻密さ、含有する格子欠陥など、薄膜特有の性質により、バルクの場合と比べエッチング速度、エッチングの均一性など、エッチング特性に違いが生じる場合もある。エッチングは、微細パターン形成に用いられるが、これ以外に、薄膜表面の平滑性を良くするため（研磨）やシリコンなどの半導体や金属の表面に形成した自然酸化物を除去し、清浄表面を得るため（基板の前処理）にも使用される。

薄膜加工用エッチングには、以下のような条件が要求されている。
① エッチング速度が適切である。速度が小さすぎると実用上使えない。時間的にエッチング深さを制御できる程度に速いことが必要である。
② 薄膜部分のエッチングだけを行える。薄膜と基板とでエッチング速度の違いが大きい方がよい。選択性が良いという。
③ 薄膜の性質に影響を与えない。
④ エッチングパターンの精度が良い。
⑤ 安全性、環境調和性に優れている。

以下、大きくウェットエッチングとドライエッチングに分け、薄膜のエッチング特性について述べる。ドライエッチングとの比較のために、また使用される可能性が高いために、ウェットエッチングについても述べる。

5.4 ウェットエッチング

薄膜を溶液中でエッチングする場合、薄膜を構成する元素が直接イオンとなって溶解する場合と、薄膜表面が酸化などの反応により酸化物などの化合物が形成され、その化合物が溶解する場合とがある。エッチングに用いられる溶液としては、水溶液、水を含まないアルコール類、エーテル類、ニトリル類、アミド類などを溶媒とした非水溶液、セラミックスに対し使われる溶融塩などがある。通常は、水溶液が用いられる。

物質の水溶液に溶解する場合の反応を、金属を例として考えてみよう。
金属の溶解反応は、簡単には

$$M \rightarrow M^{z+} + ze \tag{5.1}$$

と示され、金属原子Mは金属結合力を失ってイオン化する。この反応には金属内の電子eが関与している。この場合、電子を放出しており、アノード反応と呼ばれる。電子のエネルギーは電極電位により表され、反応の進行方向や速度は電極電位に依存している。

5.4 ウェットエッチング

　金属が溶解すると金属内の電子の濃度は増加し、電位はマイナス方向に変化する。この金属内の電子が他の反応により使われないと、溶解反応は止まる。溶解反応が持続して進むためには、金属内の電子を使う反応が別に起きなければならない。電子を受け取る反応はカソード反応と呼ばれる。アノード反応と同時にカソード反応が進行して、はじめて金属の溶解は進む。

　カソード反応としては次の反応が考えられている。酸性溶液中や脱酸素した溶存酸素を含まない溶液中では、

$$2H^+ + 2e \rightarrow H_2 \tag{5.2}$$

の水素発生反応がある。酸性溶液中では水素イオン（H^+）の濃度が高いため、この反応が進む。一方、中性溶液やアルカリ性溶液では水素イオンの濃度が低いため、この反応の進行は極めて遅くなる。しかし、水溶液中に溶存酸素を含む場合には酸素の還元反応

$$O_2 + 2H_2O + 4e \rightarrow 4OH^- \tag{5.3}$$

がカソード反応となる。

　これらアノード反応とカソード反応とが、同じ金属表面上で起きてはじめて、溶解反応は連続的に進行する。

　溶液に漬けただけで行う化学的エッチングの場合には、試料表面でアノードとカソードとが微視的に数多く存在し、それらの位置が絶えず動き、試料の全面が均一に溶解する。金属中の不純物、格子欠陥など何らかの原因によりアノードとカソードが固定される場合には、アノードの個所が深く溶解する孔食が生じる。転位密度や結晶方位の決定に使われるエッチピットは、このような場合に形成する。

　電解エッチングの場合は、試料とは別の第2の電極（対極）を導入し、試料をアノード、対極をカソードと固定し、設定した電位または電流密度でエッチングを行う。

　式(5.3)の溶存酸素の還元反応がカソード反応として起きる場合、式(5.1)の反応で溶解した金属イオンと式(5.2)の反応で生成した水酸イオンとが反応し、水酸化物が形成する。この水酸化物が水溶性でない場合は、試料表面に析出し、試料の均一な溶解を妨げることがある。このような場合、生成物皮膜の特性が試料の溶解速度に影響を与える。一般に使用されているエッチング溶液は生成物皮膜の溶解性を考慮して作られている。

5.5 ドライエッチング

ドライエッチングはウェットエッチングと比べ、微細加工性に優れていることが特長である。また、ドライエッチングでは、金属、半導体、セラミックス、有機材料などあらゆる材料のエッチングが行える。

ドライエッチングでは、使用するガスをエッチングガスと呼んでいる。CF_4、SF_6 などフッ化物系のガスを使用することが多い。これは、分解して生成するフッ素ラジカル F が化学的に極めて活性で、いろいろな材料と反応を起こしやすいためである。例えば、シリコン系の材料とは次のような反応を起こす。

$$Si + 4F \rightarrow SiF_4 \tag{5.4}$$

$$SiO_2 + 4F \rightarrow SiF_4 + O_2 \tag{5.5}$$

$$Si_3N_4 + 12F \rightarrow 3SiF_4 + 2N_2 \tag{5.6}$$

これらの反応で形成された SiF_4 は揮発性の物質であるため、蒸発して試料から取り除かれエッチングが行える。

CF_4 プラズマを用いてシリコンをエッチングする際の反応進行過程を**図5.5**に示す。放電により生成したプラズマ中では、CF_3、F などのラジカルと CF_3^+ などのイオンとが作られる。CF_3 ラジカルは試料表面に吸着後、分解過程を経て F ラジカルを発生する。プラズマ中で生成した、あるいは分解過程で生成した F ラジカルは、式(5.4)で示すようにシリコンと反応し、揮発性の SiF_4 となり脱離する。

一方、プラズマ中で生成したイオンは、シースで加速されて基板表面に入射するが、加速電圧が小さい場合、イオンエネルギーは大きくなく、スパッタリングは起こさない。イオンもまたシリコンとの反応に使われる。加速電圧が大きな反応性イオンエッチング（RIE）の場合は、入射するイオンのエネルギーが大きいため、スパッタリングも同時に起きる。このように様々な過程を経てドライエッチングは進行する。

5.5 ドライエッチング

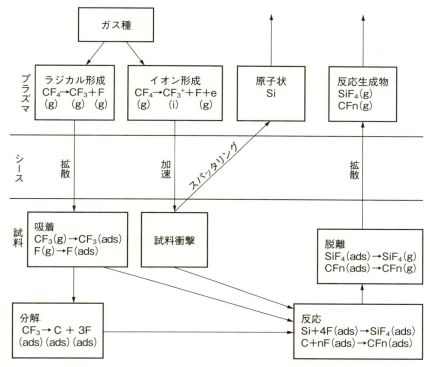

図5.5 プラズマを用いたエッチングにおける反応進行過程の例

RIE では、異方性エッチングができる特長がある。この機構には次の2つのモデルが提案されている。

（1）表面欠陥層形成モデル

イオン衝撃により基板表面に欠陥層が形成され、この部分にラジカルが吸着し、エッチングが基板表面に垂直な方向のみに進行する。

（2）側壁保護膜形成モデル

反応生成物やスパッリングされた物質が側壁に付着し、保護膜として働くため側壁はエッチングされず、基板表面に垂直な方向のみにエッチングが進む。

半導体の RIE では、側壁保護膜形成モデルが適用される場合が多い。

Column

● 原子層エピタキシー（ALE）●

　原子層エピタキシー（ALE；atomic layer epitaxy）（分子層エピタキシー（MLE；molecular layer epitaxy）ともいう）は、熱CVD装置において、A元素を含むガスを基板に1分子分吸着させ、次いでB元素を含むガスに切り替え、このガスを基板上の吸着分子と反応させることで、化合物ABを1原子層（一分子層）形成する。これを繰り返すことで、化合物ABのエピタキシャル成長が進み、単結晶膜が成長できる方法である。1977年、T. Suntolaにより発明され、Ⅱ-Ⅵ族化合物半導体のエピタキシャル成長法として提案されたが、Ⅲ-Ⅴ族化合物半導体のエピタキシャル成長にも用いられている。

ドライプロセス表面改質法

　表面処理での薄膜形成における堆積法に対し、表面改質法がある。ここでは、処理される基板自身が表面にて外部環境と化学反応し、内部とは変化した層が表面に形成される。目に見える個所では家庭やビルのアルミサッシ、見えない個所では自動車のエンジン部品などに種々の表面改質が施されている。プラズマやイオンを用いたドライプロセスによる表面改質の事例を述べる。

6.1 ドライプロセスによる表面改質

　材料表面が化学的に活性なプラズマにさらされると、表面ではいろいろな反応がプラズマの種類によって起き、表面改質を行うことができる。こうして材料上に直接薄膜が形成される。プラズマ表面改質では低温で反応が進み、機能性に優れた膜を作製することができる。また、反応を制御することにより新しい表面物性を示す材料を開発することも可能であり発展が期待される。

6.2 無機材料のプラズマ表面改質

▶ 6.2.1　プラズマ酸化、プラズマアノード酸化

　酸素プラズマ中で半導体や金属表面に酸化膜を成長させる方法で、熱酸化よりはるかに低温で酸化膜が形成でき、蒸発しやすい酸化物膜の作製にも適している。ドライプロセスで試料を清浄に保てるため、また他の真空プロセスとの併用が可能のため、新しいデバイス作製にも適している。
　方式については、
① 表1.1に示した、使用する放電の種類
② 動作圧力
③ 試料に外部電源によりバイアス電位を与えるかどうか
によって分類できる。②、③より、(a)試料を浮遊電位にしたままのプラズマ酸化、(b)ガス圧力が高い高密度プラズマ内での酸化、(c)試料に外部電源よりバイアス電位を与えたプラズマアノード酸化に大別される。実際には高速成長が可能なプラズマアノード酸化が多く用いられている。

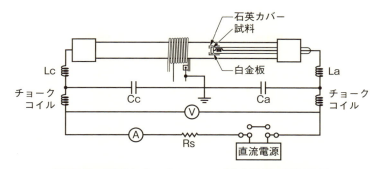

図 6.1 高周波プラズマアノード酸化装置の電極配置

図 6.2 プラズマアノード酸化の模式図

装置は、表 1.1 に示した各種装置を使用できる。実験室で使われる高周波プラズマアノード酸化装置の一例を図 6.1 に示す。

プラズマアノード酸化の場合、電流効率は溶液中のアノード酸化のほぼ 100 % と比べはるかに小さく、数 % から数十 % である。Si の場合は著しく小さい。プラズマ中には高エネルギー電子が多数存在し、その電子が酸化に本質的な役割を果たしていると考えられる。図 6.2 にプラズマアノード酸化における酸化膜近傍のモデル図を与える。中性の酸素原子は電子とともに重要な役割を果たしている。

▶ 6.2.2　プラズマ窒化、イオン窒化、ラジカル窒化、プラズマ浸炭

鉄鋼材料については、鋼材によっては機械部品として使用するため、表面硬化が重要である。このため、鋼材表面への窒化、浸炭、ホウ化などの処理

が行われている。ドライプロセスとして、ガス窒化、ガス軟窒化、ガス浸炭、真空浸炭などの従来法が使われている。

これに対し、近年、プラズマを用いた処理が用いられてきており、窒化処理の方では、プラズマ窒化、あるいはプラズマ中のイオンの役割を強調したイオン窒化、またプラズマ中からのNHラジカルの役割を強調したラジカル窒化、さらに浸炭処理の方ではプラズマ浸炭が使われている。

窒化や浸炭は酸化より高温を必要とするため、材料によっては加熱炉を備えた装置が用いられる。

鉄の窒化物や炭化物には高温において安定で、硬度の高いものが多い。このため、表面にこれらの化合物を形成することや窒素の拡散層を形成することで硬質化している。表面の粗さを抑えた手法も開発されている。

数百Paの圧力のN_2/H_2混合気体の直流グロー放電において、鋼をカソードとした表面窒化法は、プラズマ窒化あるいはイオン窒化法と呼ばれ、広く使われている。最近、表面の酸化物層を除去する前処理を工夫することによりアルミニウムおよびアルミニウム合金のイオン窒化もなされている。窒化用ガスとしてはN_2が用いられた。前処理におけるArガスによるプレスパッタリングは表面の活性化に大いに役立つ。

同様な方法により、プラズマ浸炭またはプラズマホウ化がなされている。プラズマ浸炭では、CH_4、C_2H_2、CO_2などのガスが用いられ、プラズマホウ化ではB_2H_6などのガスが使われている。

表 6.1 に今までにプラズマ表面改質が行われた無機材料をまとめて示す。

表6.1 無機材料のプラズマ表面改質例

種類＼方法	酸 化	窒 化	浸 炭	ホウ化
金 属	Ag、Al、Cu、Fe、Hf、Mg、Nb、Pb、Ta、Ti、V、W、Zn、Zr、La-Ti	Fe、Ti、Zr、鋼、ステンレス鋼、Al	Fe、Ti、Ta、W、鉄合金	鋼
半導体	Si、Ge、GaAs、GaP、$GaAs_xP_{1-x}$、InP、SiC	Si	──	──

6.3 高分子材料のプラズマ表面改質

　高分子材料のプラズマ表面改質は、主として接着性、密着性の改善およびぬれ性の改善を目指して研究されている。プラズマとしては、グロー放電やコロナ放電により生じたプラズマが利用されている。表1.1に示した各種グロー放電を用いて、装置が作製される。最近では、大気圧グロー放電プラズマも使用されるようになった。プラスチックフィルムへのめっきの前処理としても有用である。

　実験装置としては、プラズマ重合に用いる装置や無機材料の表面改質で使った装置がそのまま使用できる。ガスとしては非重合性無機ガスが用いられ、①非反応性ガス（Ar、Heなどの不活性ガス）と②反応性ガス（N_2、O_2、H_2、CF_4、CCl_4など）とに分類される。

　プラズマは高分子材料と表面で相互作用を行うが、この際次のような効果が改質の原因となっていると考えられる。①エッチング効果、②表面架橋効果、③化学修飾効果、④特定官能基の付加効果。多くの場合、プラズマ中や表面でのラジカルが重要な役割を果たしている。プラズマからの紫外線によってもラジカルが形成されている。表面での親水基の形成が接着性、密着性、ぬれ性の改善に役立っている。

　表6.2には、代表的な高分子材料のプラズマ表面改質例を示す。

表6.2　高分子材料のプラズマ表面改質例

目的	処理ガス	改質材料
接着性の改善	Ar、He	ポリエチレン、ポリプロピレン、ポリエステル、テフロン
ぬれ性の改善	空気、O_2、He、NH_3	テフロン、ポリエチレン、セルロース

6.4 イオン注入

　特定のイオンを材料表面より注入し、材料改質を行う方法をイオン注入という。特定のイオンは、ガス源より作製する。図 6.3 に示すように、ガスをイオン化室に導入し、作製したイオンを、磁場を用いた質量分析装置により必要なイオンのみを取り出し、次にこのイオンを加速器を通して加速する。この後、広い面積にイオンを照射するためのイオンビーム走査装置を経て、基板にイオンが照射される。

　スパッタリングの項で記載したように、イオンエネルギーがあるエネルギーを超えないと基板内部に入り込まない。通常、数十～数百 eV のエネルギーが使用される。注入したイオンは、基板内部の原子と弾性および非弾性衝突を行い、エネルギーおよび荷電を失い、静止する。この際、多数の格子欠

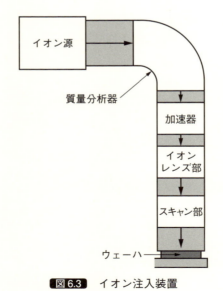

図 6.3　イオン注入装置

6.4 イオン注入

陥を生じさせる（照射損傷という）。

イオン注入は、半導体への不純物添加（ドーピングという）法として利用されている。生じた格子欠陥は、熱処理により除かれる。この方法により、半導体のn型、p型の価電子制御が行われる。

金属へのイオン注入も研究され、基板表面に合金層や化合物層の形成などに用いられているが、コスト、照射面積などの理由により半導体ほど広く使われていない。また、高分子材料へのイオン注入の研究もなされている。

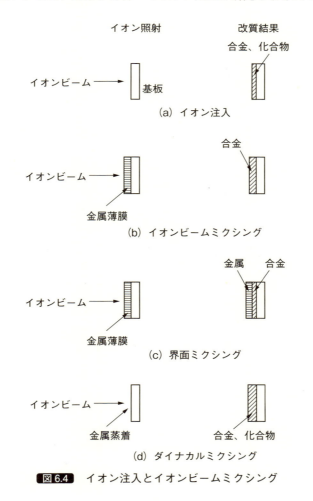

図6.4　イオン注入とイオンビームミクシング

107

イオン照射を基板にて行うイオン注入以外に、**図 6.4** に示す 3 種類のイオンビームミキシングが行われている。こちらも、まだ工業的に広まっていない。

イオン注入は、半導体ではなくてはならない方法になっている。一方、金属、化合物に対しては、適切な用途を見いだすこと、コスト低下、適切な条件出しなど、課題は多くある。しかし、新材料の形成法として魅力があり、今後の発展が期待される。

第7章

ドライプロセスの応用

　ドライプロセスにより各種の機能膜が作製され、産業界で使用されている。硬質膜、潤滑膜、形状記憶合金膜などの機械的機能膜、反射防止膜、エレクトロクロミック膜などの光学的機能膜、最新の超電導電力貯蔵装置を例とした電磁気的機能膜、はっ水膜、親水膜、耐食膜、ガスバリア膜などの化学的機能膜について、代表的な事例を紹介する。

7.1 機械的機能膜

　いろいろな機械部品にとって、耐摩耗性は極めて重要であり、耐摩耗性の向上により部品の寿命を延ばすことができる。摩耗は、2種類の部品（材料）の摩擦に伴う、表面の微視的な破壊現象である。この摩耗を軽減するには、次の2とおりの方法が基本的に考えられている。
　① 表面を硬くし、破壊に対する抵抗を大きくする。
　② 表面に潤滑性を付与し、破壊のもととなる力学的衝撃を小さくする。
　このため表面を硬くすることや潤滑性をもたらす硬質膜や潤滑膜の開発が重要となっている。
　最近では機械部品の精度が向上し、部品製作には高い精度の機械加工が要求されている。このため、機械加工に用いる切削工具、金型などにはセラミックス硬質膜のコーティングが施され、長寿命化とともに加工精度の向上が図られている。
　材料面からは、近年、機械部品の材料にプラスチックが使われることが多くなった。プラスチックは軽量、高い機械的強度、着色・デザインの容易性といった優れた性能を有しているが、耐摩耗性、耐擦傷性の低さが欠点であった。このため耐摩耗性、耐擦傷性に優れた硬質コーティングが、プラスチックには不可欠になっている。またガラスの代替として、透明プラスチック（例えばポリカーボネート（PC）、ポリメチルメタクリレート（PMMA）など）の使用が、自動車、列車のウインドゥ、高層ビルの窓ガラス、カメラのレンズなど、幅広く検討され、一部使用されている。まためがねのレンズは、ガラスから透明プラスチックへと変わった。これら透明プラスチックには、耐擦傷性に優れた透明な硬質コーティングが必要である。
　一方、超小型の機械、マイクロマシン（MEMS）やナノマシン（NEMS）の開発が現在進んでいる。このマイクロマシンの微小な駆動源の1つとして、形状記憶合金膜が挙げられる。

こういった機械的機能膜について、本節では記述する。

▶ 7.1.1 硬質膜

耐摩耗性を向上させるコーティングには、膜の硬度、潤滑性、平滑性、強度、耐熱性、耐凝着性など、種々の因子が関与している。このため、実用的には単に硬ければよいわけではなく、耐摩耗性の評価は総合的に行われなくてはならない。例えば切削工具の場合、硬さの違いによって相手を切るため、工具としては硬い材料ほど有利である。その上欠けたり、折れたりしない強度が必要であり、さらにすりへらない耐摩耗性が要求される。このため、靱性の高い超硬合金工具の表面に、数 μm の厚さの TiC、TiN、Al_2O_3、c-BN、DLC（ダイヤモンドライクカーボン）、ダイヤモンドなどのセラミックス膜を、単層、あるいは多層にコーティングしたコーテッド工具が開発されている。

ここでは硬さのみに注目し、硬質膜について述べる。硬質膜は、コーティングによってのみ作製されるわけではなく、表面硬化、拡散、陽極酸化、イオン窒化、イオン注入といった狭義の表面改質の手法によっても作製される。

硬さについて、本質的に説明することは難しい。現在でも、硬さは物理量として的確に定義できていない。しかし、固体が変形に対してどの程度抵抗できるかという目安として重要である。微視的には、「外力に対して、結合原子間距離がどの程度変化するのか」を硬さは表している。

したがって、物質を圧縮したときの体積変化を表す物理量である体積弾性率（bulk modulus、逆数は圧縮率）と硬さとは密接な関係にあり、体積弾性率が大きな材料は硬い材料ということができる。一般に、原子間距離が短く、結合のイオン性が低いほど、体積弾性率は高くなる。

硬さの評価には、相対的な方法が使われている。塗膜のように比較的軟らかい膜には、鉛筆引っかき試験（JIS K5600-5-4）が用いられる。一般的に使われている方法は、ダイヤモンドの圧子を一定の荷重で押し込んだときにできる痕（圧痕）の大きさで評価する方法である。圧子の形状により、ビッカース硬さ（HV）、ヌープ硬さ（Hk）などが使われている。HV は Hk より 10～15 % 小さい値となる。

膜の場合、押し込んだときの深さが、膜厚の約10分の1以下でないと正確

な値が求まらない。このため、押込み荷重を小さくすることが必要になり、これに伴い、圧痕が小さくなる。これゆえ、通常の光学顕微鏡で大きさを求めることが困難になる。そこで、1μm以下の薄い膜については、圧子の押込み深さを自動的に測定するナノインデンテーション法をはじめとするダイナミック法が開発されている。**表7.1**に使用されている代表的な圧子について、材質、形状などを記載する。また、**表7.2**に、現在使用されている硬さ測定法を印加する荷重範囲に対応させて記載する。

表面の硬質処理に使われている方法とその相対的な硬さを、**図7.1**に示す。めっき法ではHkで1,800くらいまで、アルマイト処理ではHkで550くらいまで、基板の硬さを上昇させることができる。ドライプロセスを用いると、

表7.1 代表的な圧子の名称と材質・形状・硬さ計算式

圧子の名称	材質・形状	側面図	上面図	荷重	硬さの計算式
ビッカース	ダイヤモンドピラミッド 頂角：136°	136°	d_1 d_2	P	$HV = 1.854 \left[\dfrac{p}{d^2}\right]$
ヌープ	ダイヤモンドピラミッド 頂角：172°30′ 130°	h	w, l	P	$Hk = 14.2 \left[\dfrac{p}{l^2}\right]$
ベルコビッチ	ダイヤモンド三角錐 頂角：130.7°	130.7°			ナノインデンテーション法の項に記載

表7.2 印加する荷重範囲と硬さ測定法

印加する荷重範囲	測定法
Nオーダ	硬度計
mNオーダ	マイクロ硬度計
μNオーダ	ナノインデンテーション法
pN–nNオーダ	原子間力顕微鏡（AFM）

7.1 機械的機能膜

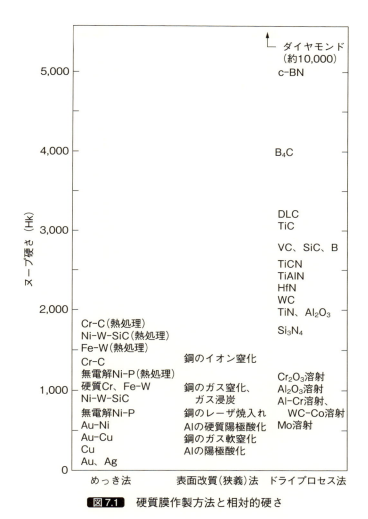

図7.1 硬質膜作製方法と相対的硬さ

各種セラミックコーティングが行え、Hk で 2,000 以上の硬質膜の作製が行える。

工業的に広く使われているセラミックス硬質材料には、TiN、TiC、Si_3N_4、SiC、Al_2O_3、WC などがあり、Hk は 1,500〜3,500 である。これらより硬い硬質材料は、超硬質材料と呼ばれ、ダイヤモンド（C）（Hk 8,000〜10,000）、立

方晶窒化ホウ素（c-BN）（Hk 4,000〜6,000）、炭化ホウ素（B_4C）（Hk 3,500〜4,500）などがある。これらの材料は多結晶で使われる。アモルファス状態で使われる硬質膜および超硬質膜材料には、DLCがあり、内部での化学結合状態、水素含有量などにより、種々の硬さを有することができる。

一般に、超硬質材料はB、C、Nの3元素で構成され、この3元素で構成された物質であれば、アモルファスの構造であっても硬くなり、ダイヤモンドに近い性質を示すこともできるDLC膜がこの例である。このDLC膜は平滑性に優れ、ダイヤモンドの硬い性質と、グラファイトの固体潤滑性に優れた性質とを兼ね備えている。

さらに、Al、Si、Pを加えた6種の軽元素から超硬質材料が合成される可能性が高い。未合成の化合物を含め、B、C、N、Al、Si、Pの6元素より合成される主要な化合物を**図7.2**に示す。これらの多元系化合物も大変興味深い硬質材料となる。

表7.3に、1元系および2元系の各種硬質膜用材料の硬度と関連する性質

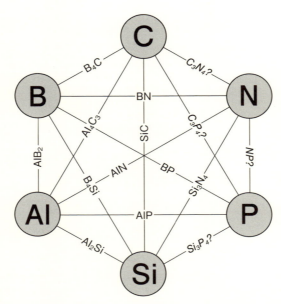

図7.2 B、C、N、Al、Si、Pの6軽元素より合成される主要な化合物

7.1 機械的機能膜

表7.3 各種硬質用材料とその性質

材料	融点 (℃)	硬度 Hk	熱膨張係数 (10^{-6} K^{-1})	電気抵抗率 ($\mu\Omega$cm)
共有結合性材料				
C(ダイヤモンド)	3,800	~8,000	1.0	10^{20}
c-BN	2,730	~5,000	—	10^{18}
B_4C	2,450	4,000	4.5	5×10^{15}
B	2,100	2,700	8.3	10^{12}
AlB_{12}	2,150	2,600	—	2×10^{12}
AlN	2,250	1,230	5.7	10^{15}
SiC	2,760	2,600	5.3	10^5
SiB_6	1,900	2,300	5.4	10^7
Si_3N_4	1,900	1,720	2.5	10^{18}
イオン結合性材料				
Al_2O_3	2,074	2,100	8.4	10^{20}
TiO_2	1,867	1,100	9.0	—
ZrO_2	2,677	1,200	11.0	10^{16}
HfO_2	2,900	780	6.5	—
ThO_2	3,300	950	9.3	10^{16}
BeO	2,550	1,500	9.0	10^{23}
MgO	2,827	750	13.0	10^{12}
導電性材料				
TiN	2,950	~2,100	9.4	25
TiC	3,067	~3,200	~8.3	52
TiB_2	3,225	3,000	7.8	7
ZrN	2,982	~1,750	~7.5	21
ZrC	3,445	~2,600	~7.1	42
ZrB_2	3,245	2,300	5.9	6
HfN	2,700	~2,400	6.9	—
HfC	3,890	2,700	6.7	—
VN	~2,100	~1,500	~8.7	85
VC	~2,700	~2,850	~6.9	59
VB_2	2,747	2,150	7.6	13
NbN	2,573	1,400	10.1	58
NbC	~3,500	~2,100	~7.0	19
NbB_2	3,036	2,600	8.0	12
TaN	2,090	1,300	5.0	—
TaC	3,880	1,650	~6.8	15
TaB_2	3,037	2,100	8.2	14
CrN	1,050	1,100	2.3	640
Cr_3C_2	1,890	~1,700	~11.0	75
CrB_2	2,188	2,250	10.5	18
Mo_2C	2,517	1,660	~8.5	57
Mo_2B_5	2,140	2,350	8.6	18
WC	~2,776	~2,200	~5.0	17
W_2B_5	2,365	2,700	7.8	19
LaB_6	2,770	2,530	6.4	15

を示す。膜にした場合、組成、不純物、結晶性などの要因により、硬さは大きく変化する。またバルク材との違いもあり、この表の数値はあくまで目安である。

硬質膜材料はより高性能化を目指して、3元系、4元系などの多元系材料に発展している。
(例) 3元系：(Ti, Al)N、(Ti, Cr)N、Ti(C, N)、Cr(N, C)、Ti(C, B)、Ti(C, O)、Al(N, O)、B(C, N)

　　 4元系：(Ti, Al, V)N、(Ti, Al, Zr)N、(Hf, Nb, V)C、(Hf, Nb, Ti)C

一方、機能性向上の見地から、単体層構造から多層構造へ、また深さ方向均一組成構造から傾斜組成構造へといった、膜構造についての研究開発が進んでいる。

▶ 7.1.2 潤滑膜

日常生活においてモーター、自動車、自転車など駆動部の摩擦低下に潤滑油やグリースが多く用いられている。しかし最近では、これに代わる固体潤滑剤が用いられるようになってきた。初めは潤滑油などが蒸発あるいは固化するため使用できない宇宙環境での用途に開発されたが、現在では橋梁、車、エアコン、コピー機、冷蔵庫、カメラ、胃カメラ、ガス栓などに広く使われている。

固体潤滑剤としては、**表7.4**に示す材料が挙げられる。このうち二硫化モ

表7.4 固体潤滑剤

分類	材料名
層状構造物質	二硫化モリブデン（MoS_2）、グラファイト（C）、窒化ホウ素（BN）、二硫化タングステン（WS_2）、フッ化黒鉛（C-F）
軟質金属	金（Au）、銀（Ag）、鉛（Pb）、スズ（Sn）、インジウム（In）
高分子	フッ素樹脂（PTFE）、ナイロン、ポリエチレン、ポリイミド
その他	酸化鉛（PbO）、雲母、メラミンシアヌレート、グラフェン、フラーレン、カーボンナノチューブ、カーボンナノボール

リブデン（MoS_2）、グラファイト、フッ素樹脂（ポリエチレンテレフタレート、PTFE：商品名テフロン）が多く使用されている。これらの固体潤滑剤を膜にすれば、固体潤滑膜として使用することができる。二硫化モリブデン、二硫化タングステン、フッ素樹脂などはスパッタリングにより、軟質金属はイオンプレーティングにより作製されている。

このような方法で作製された固体潤滑膜は、宇宙機器、真空機器などの軸受、歯車などに応用されている。また、粉末の固体潤滑剤を分散させ、焼き付けた塗装膜も、潤滑、離型、かじり防止用として使われている。

▶ 7.1.3　形状記憶合金膜

ある形状の合金を変形させて違う形状にしても、ある温度に加熱すると、元の形状に戻る現象を形状記憶効果と言い、この効果を示す合金を形状記憶合金という。代表的な材料としては、ニチノール（Ni-Ti合金）、ベータロイ（Cu-Zn-Al合金）がある。形状記憶効果は、形状記憶合金が温度によって2つの結晶構造を有することによって生じる。すなわち結晶学的には、オーステナイト相とマルテンサイト相との相変態（マルテンサイト変態およびマルテンサイト逆変態）を利用している。この相が切り換わる温度を変態温度と呼ぶが、この温度は合金組成を制御することにより自由に設定でき、−180 ℃～100 ℃の幅がある。

この形状記憶合金膜の薄膜を、マイクロマシンの駆動機構（マイクロアクチュエータ）に利用することができる。マイクロアクチュエータとしては、静電気や圧電素子を利用することもできるが、形状記憶合金薄膜を使用したアクチュエータは、小さい電圧（数V）で大きい変位量（4%）と、力（400 MPa）が得られる。応答速度も小型のため大きくすることができ、他の方法と比べ優れている。

Ni-Ti膜の形状記憶特性を温度とひずみの関係で表し、図7.3に示す。薄膜試料の両端に一定荷重を掛けた状態で温度を下げていくと、低温でマルテンサイト変態が起きて形状が変化するため、ひずみが増加する。この試料を逆に加熱していくと、試料の形状はマルテンサイト逆変態により元の形状に戻り、ひずみ量も元に戻る。この際、変態温度の制御が重要であるが、これは合金組成の制御で行う。このため形状記憶合金薄膜の作製には、組成の制

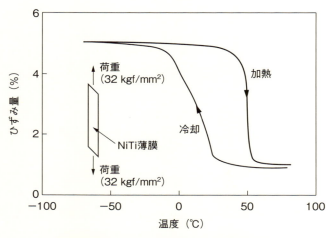

図7.3 Ni-Ti合金薄膜の形状記憶特性

御に優れたスパッタリング法が用いられている。

　形状記憶合金薄膜をマイクロアクチュエータに利用するには、温度制御と応力制御が必要である。温度制御は、薄膜への直接通電加熱（数Vで可能）かレーザなどによる外部加熱を用いる。応力制御はばねや圧力によって制御する。形状記憶合金の興味深い例として挙げられる。

7.2
光学的機能膜

　光学的機能膜の範囲は広い。ガラスについては、ソーラーコントロールガラス、ローイー（low-E；low emissivity）ガラス、電磁シールドガラス、ミラー、エレクトロクロミックウィンドウ・ミラー、防曇ガラスなどの開発が進み、レンズでは、反射防止コーティング、紫外線防止コーティング、防曇コーティング、はっ水コーティング、透過制御コーティング、フォトクロミ

ックコーティングなどの開発が行われている。
　ここでは、単層コーティングのみならず、数層、数十層、さらには千層以上の多層コーティングも使われている。このような広範囲の中から、本項では反射防止膜とエレクトロクロミック膜を取り上げる。透明導電膜については、8.2において述べる。

▶ 7.2.1 反射防止膜

　反射防止膜により、光がレンズ、フラットパネルディスプレイなどの表面で反射することによる透過率の減少を大幅に抑制することができる。反射防止膜は、従来からカメラ、めがね、望遠鏡、半導体露光装置などのレンズに利用されてきた。光学レンズにおける反射防止膜の効果を**図7.4**に示す。このような効果のため、反射防止膜は、いろいろな光学機器に使われるレンズでは必須になっており、フレア、ゴーストといった現象を防止するために重要である。また、反射防止膜は、フラットパネルディスプレイ、太陽電池などで表面での反射防止にも使われており、広範囲な分野で応用されている。
　反射防止膜の基本構造として、**図7.5**に示す各種構造が考えられている。基本的に、基板より低屈折率な物質のコーティングにより、低反射率は得られる。(a)は低屈折物質からなる最も単純な単層構造であり、製造も簡単である。(b)は、低屈折率物質と高屈折率物質の多層構造であり、現在、実用

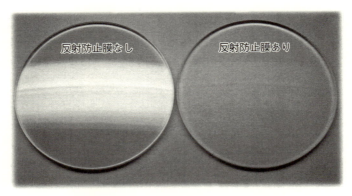

図7.4　反射防止膜の効果（蛍光灯の反射）

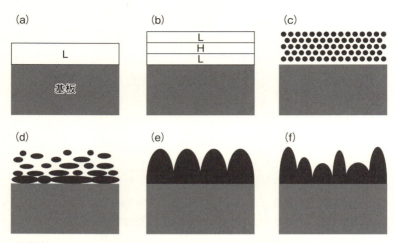

図7.5 反射防止膜の基本構造（(a)低屈折率物質単層構造、(b)低屈折率物質／高屈折率物質多層構造、(c)多孔質構造、(d)傾斜多孔質構造、(e)微小突起配列構造、(f)不規則突起配列構造）

的に使われている構造である。数層から数十層、さらに千層を超える多層膜も開発されている。(c)は多孔質物質による低屈折率構造であり、(d)は多孔質物質を傾斜化させた傾斜多孔質構造である。

(c)、(d)のように膜の構造を粗にすることにより、見掛けの屈折率は、その物質の屈折率より小さくなることを利用している。(c)に示す多孔質構造は、MgF_2 のナノ粒子をゾル–ゲル法で作製し、焼成することで、超屈折率の膜が実現できている。(e)は微小突起配列構造で、「ガの眼」がこの構造となっている。突起の大きさが光の波長より小さくなると、光と突起とはほとんど相互作用を起こさなくなり、突起の先端から下部までで屈折率がゆるやかに変化していき、反射率は低下することを利用している。この構造を、「モスアイ（moth-eye）構造」と呼んでいる。プラスチックシートに、この構造を作り、反射防止シートとしてディスプレイに使われている。(f)は、この突起構造を不規則にした構造である。

光学レンズにおいては、(b)の多層構造が最もよく使われている。光学解析のコンピュータ・シミュレーションによると、ガラス基板（屈折率を1.52とする）において単層膜をコーティングした際の反射率を、**図7.6** に示す。

7.2 光学的機能膜

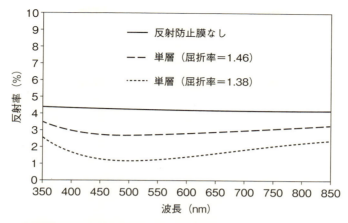

図7.6 単層の反射防止膜による反射率シミュレーション例

屈折率約1.38のMgF$_2$をコーティングした場合、反射率は約1.26%であるが、屈折率が1%より小さくはならない。

計算からは、屈折率が約1.23の場合、反射率は0となるが、自然界には、この約1.23の屈折率を持って安定な物質は存在しない。クリオライト、チオライトなどの物質は、MgF$_2$より小さな屈折率であるが、潮解性を示し、湿度の高い雰囲気では不安定である。そこで、低屈折物質と高屈折物質の多層構造が考えられた。多層膜の屈折率のシミュレーションの一例を**図7.7**に示すが、図7.6の単層膜の物質の多層膜で、層厚を最適化することで、可視光領域の全域で1%以下の低反射率を実現できる。

SiO$_2$（屈折率約1.47）とNb$_2$O$_5$（屈折率約2.3）を多層化することにより、耐久性に優れた多層構造の反射防止膜の作製を行った。作製には、図3.6に示すプラズマ銃を備えた蒸着装置を使用した。シミュレーションにより多層膜の構造を**図7.8**のようにすると、**図7.9**および**図7.10**に示す反射率スペクトルが得られる。5層以上の多層構造にすることで、可視光領域の全域で1%以下の低反射率が得られる。

実際、この各種構造の膜を作製し、落砂試験による耐久性を評価した。この結果を**図7.11**に示す。これより、8層構造にすることにより、透過率と反射率の変化が少なく、耐久性に優れた反射防止膜が作製できることがわかっ

第7章 ドライプロセスの応用

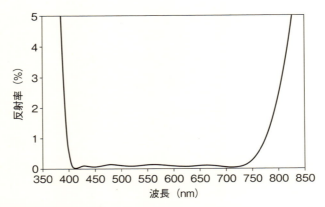

図7.7 多層の反射防止膜による反射率シミュレーション例
（屈折率1.38の物質と屈折率1.46の物質の多層化）

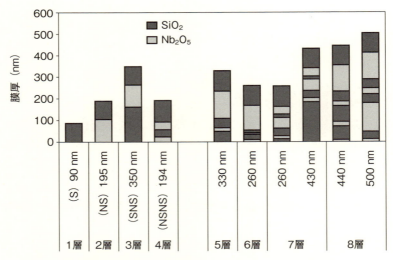

図7.8 反射防止多層膜のシミュレーション用構成

122

7.2 光学的機能膜

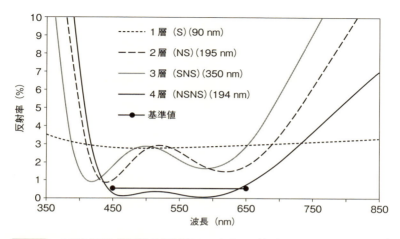

図7.9 4層以下の多層膜の反射率スペクトル（シミュレーションによる）

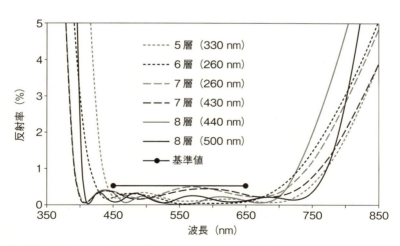

図7.10 5層以上の多層膜の反射率スペクトル（シミュレーションによる）

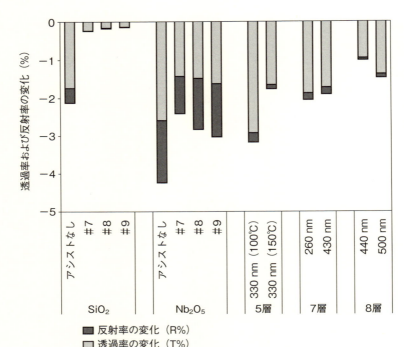

図7.11 落砂試験後の反射率と透過率の変化

た。このように、コンピュータ・シミュレーションと併用することにより、特性の優れた多層膜の設計と実現が図れる。

▶ 7.2.2 エレクトロクロミック膜

(1) クロミック現象

タコやカメレオンのように、周りの色に合わせて、体の色を変化させる生物がいる。それらの生物では、周りの状態を検知し、皮膚にある色素細胞が環境状態に合わせいろいろと変化し、体色を可逆的に変えている。このように可逆的に色を変化させる現象には、はっとする驚きがあり、大変興味をひかれる。

外部からの刺激によりタコやカメレオンは体色を変化させるが、同じように外部からの様々な刺激により可逆的に色を変える物質が存在している。こ

の繰り返し行える"可逆的"ということが大事である。1回だけ変化させるという現象は多くあるが、1回だけでは応用が難しい。

可逆的に色を変化させる現象はクロミック現象（クロミズム）と呼ばれている。また、クロミック現象を示す材料をクロミック材料という。クロミック現象には、数とか文字を表示する表示デバイス（ディスプレイ）、明るさや色を調節する調光デバイス、情報を記録する記録デバイス、ものの変化を検知するセンサ、この他、衣類、玩具など、広大な応用分野がある。

クロミック材料にはどのような材料があるのだろうか。その作製法、応用について、電気で色が変わるエレクトロクロミック（EC）膜を中心に述べる。

(2) クロミック材料

外部刺激の種類により、**表7.5**に示すようにクロミック現象の名前は与えられている。材料例についても同時に示した。

表7.5 クロミック現象の種類と材料例

外部刺激	名　称	材　料　例
熱	サーモクロミズム	コレステリック液晶、ポリチオフェン類、フルオラン系ロイコ色素
光	フォトクロミズム	ハロゲン化銀フォトクロミックガラス、アルカリハライド、スピロピラン類、フルギド類
電子線	カソードクロミズム	アルカリハライド、ソーダライト
電流、電界	エレクトロクロミズム	酸化タングステン、酸化イリジウム、窒化インジウム、プルシアンブルー錯体、ビオロゲン類、ポリチオフェン類、ポリアニリン類
溶媒、ガス	ソルバトクロミズム	ブルーカー指示薬、コソワール指示薬、ポリチオフェン類
圧力、ひずみ	メカノクロミズム（ピエゾクロミズム）	ポリチオフェン類

生物に関しては、バイオクロミズムとでも名づけられるのだろうか。クロミック材料については、大きく無機系材料と有機系材料とに分けられる。無機系材料としては酸化物が主として挙げられる。有機系材料としては、色素材料が挙げられるが、最近、電気を通す高分子（導電性高分子）が注目されている。現在、材料の領域はどんどん広がっており、また新しい現象も見いだされている。

　現象を生じる機構は、それぞれの材料により異なっていて、残念なことに、不明な点も数多い。クロミック材料は、現象によっては、固まり（バルクという）の形で用いられるが、薄膜の形で用いられることが多い。また、材料によりその薄膜の作製法は異なっている。ドライプロセスの方法やめっき法などがよく使われている。同じ材料でも作製法により、また作製条件により性能が大きく異なることがある。これは、材料の原子配列、組成のずれ、不純物（特に水の混入）などが大きく影響していることによっている。

（3）クロミック現象の応用範囲

　クロミック現象の応用範囲は大変広い。

　フォトクロミズムはサングラス、フィルタなど調光デバイスに利用されているが、記録媒体としての応用も進められている。現在使用されている光記録材料では、光信号のエネルギーを一度熱に変換し、熱を利用したヒートモードで記録を行う。これに対し、光の量子効果を用いるフォトンモードの記録は、高速・高密度記録に有利である。フォトクロミズムはフォトンモードでの記録が行える。スピロピラン、フルギドなどのフォトクロミック色素が注目されているが、繰り返し安定性など材料面での改良が必要となっている。

　エレクトロクロミズムでは、電極物質への電流のオン・オフで光吸収の変化が生じるため、表示デバイスや調光デバイスへの応用に適している。表示デバイスとしては、印刷物に近い、色の鮮やかさ、見やすさなどの点で脚光を浴び、開発が進められた。しかし、同時期に出発した液晶表示デバイスが急速に発展したのと比べ、実用化・普及は遅れている。これは、繰り返し寿命や応答性に問題があり、その改良に時間が掛かったためと生産品が少ないことによりデバイスの価格が他のデバイスと比較して高かったためである。

　最近では、"カーテンのいらない、透過度が自在に変えられるガラス窓（スマートウィンドウという）"を目指した住宅・ビル用や自動車用の調光ガ

7.2 光学的機能膜

図 7.12 全固体薄膜形エレクトロクロミックサングラスの色変化（ニコン製）

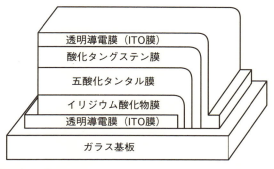

図 7.13 全固体薄膜形エレクトロクロミックサングラスの構成（ニコン製）

ラス、透過度が自在に変えられるサングラスあるいは反射率が変化する自動車の防げんミラーなど調光デバイスの開発が進められ、一部実用になっている。デバイスとしては、全固体形、溶液形などいろいろな構造のものが作られている。全固体形のサングラスを図 7.12 に、その膜の構成を図 7.13 に示す。サングラス（小型電池内蔵）のスイッチをオン・オフさせることにより、ブルー系で、透明から濃い色まで可変化させることができる。

(4) エレクトロクロミズム

エレクトロクロミズムという言葉は、1961 年、Platt が有機分子の吸収あるいは発光スペクトルの Stark 効果に基づく現象を、サーモクロミズムやフォトクロミズムのアナロジーからエレクトロクロミズムと命名したことにより誕生した。電気的に色が可逆的に変化する現象としては、アルカリハライ

ドのF中心（カラーセンター）による吸収（1923年）やFranz–Keldysh効果による吸収（1958年）などの方が古くから知られていた。

1969年、Debが遷移金属酸化物であるWO_3のアモルファス薄膜のエレクトロミック（EC）現象に着目し、表示デバイスへの応用を検討した。Schootらは1973年、ヘプチルビオロンゲン水溶液においてカソードに安定な発色層が形成されることを見いだし、表示デバイスへの応用を発表した。こうして無機系と有機系とを代表するEC材料が開発され、そのデバイスへの応用が進められた。

表示デバイスや調光ガラスにEC現象を使用するには、次の条件を満たすことが必要である。

(1) 可視光域で光吸収の変化が大きい。
(2) 色変化、光透過度変化の可逆性が良いまた応答性が良い。
(3) 室温において動作する。
(4) 低い駆動電圧（0.5～3V）で大きな光吸収変化が得られ、コントラストが大きい。
(5) 副次的な反応を伴わず、繰り返し寿命が長い。

以上の条件を満たすことから、電解質を介しての酸化還元反応や不純物ドーピングなど、電気化学反応を用いたEC現象がデバイスに使用されることになった。

（5）エレクトロクロミック（EC）材料

EC材料は、無機および有機物質の固体から液体まで広い範囲にわたっている。EC材料を相変化に着目して分類すると、**表7.6**に示すようになる。その際、着・消色に関与するイオンの供給源である電解質の状態も同時に示した。固体材料は薄膜として使用される。

無機系材料は安定性に優れているが、色調がやや劣り、色種も少ない。有機系材料は染料と似た化学構造を持つものが多いため、色調が鮮やかで色種も多いが、安定性にやや欠ける。

無機系材料では遷移金属酸化物がほとんどである。WO_3が最もよく研究されている。アモルファス状態で優れた着・消色特性を示し、結晶化すると性能が低下する。この他、プルシアンブルー系材料、窒化インジウムや窒化スズといった金属窒化物、また層間化合物などがある。電気伝導がn型の

表7.6 エレクトロクロミック材料の相変化と代表的材料

材料の状態		電解質の状態	代表的材料	
消色状態	着色状態		無機材料	有機材料
液体	液体	液体	ポリタングステンイオン	pH指示薬、キノン系、スチリル系
液体	固体	液体	AgI、$RbAg_4I_5$	ビオロゲン誘導体、コバルトビピリジン錯体
固体	固体	液体、ゲル、固体	遷移金属酸化物、金属窒化物、プルシアンブルー錯体、層間化合物（C_6Li、ZrNCl）	稀土類ジフタロシアニン、ポリマー化テトラチアフルバレン、導電性高分子（ポリチオフェン、ポリピロール）、フタル酸エステル

WO_3、MoO_3、V_2O_5 などは電子の関与するカソード反応で着色する。

これに対し、電気伝導がp型の $IrOx$、Cr_2O_3、$NiOx$ などではホールの関与するアノード反応で着色が起きる。これらでは、プロトンなどイオンの出入りが着・消色に寄与しており、電子の原子価間移動に伴う吸収により着色するとされている。このうち、WO_3、$IrOx$ などが実用デバイスに使用されている。

色としては、ブルー系、褐色系など材料によりいろいろある。ドライプロセスによる薄膜作製法では、真空蒸着、イオンプレーティングおよびスパッタリングが用いられている。

有機系材料のうち、導電性高分子では微量のドーパントのドーピングにより、絶縁体⟷金属転移が起き、このため著しいスペクトルの変化が生じる。タンパク質もEC現象を示す。有機系の方が色は鮮やかだが、寿命の点が課題となっている。有機系ではフルカラー化も可能である。

クロミック現象は多様であり、新しいクロミック材料は今後も続々と誕生するであろう。実用化に向けて、より高性能の材料を開発する必要がある。ドライプロセスにより、今後どのような材料が生み出されるか楽しみな分野である。

7.3 電磁気的機能膜

　電磁気的機能膜としては、電気的機能膜、磁気的機能膜、さらに両者が合わさった電磁気的機能膜など、広大な分野が広がっている。電気的機能膜としては、各種半導体膜、太陽電池膜、金属の導電膜・抵抗膜など、熱電変換、圧電変換などの変換膜、超電導膜、誘電体膜など多くの機能膜があり、身近な製品にも使われている。磁気機能膜としては、磁気ヘッド、磁気テープ、ハードディスクなどの各種の磁気記憶デバイスに使用されている。電気と磁気を組み合わせた電磁気的機能膜も、磁性半導体、スピントロニクスなどの分野で使われている。

　ここでは、新しい蓄電デバイスとなり得る超電導薄膜を用いた小型超電導電力貯蔵装置（SMES）について、その最新の作製方法を述べる。

　超電導を用いた蓄電装置として超電導電力貯蔵装置（SMES, superconducting magnetic energy storage）があり、超電導線で作られたコイルに電力を磁気エネルギーとして貯蔵する。コイルに電流を流したまま電力を貯蔵するため、変換損失がなく、貯蔵と取り出しの効率の高いことが特長である。超電導コイルを用いた大型の SMES は試作されている。

　これに対し、リチウムイオン電池のような2次電池と同等に使える小型の SMES が考えられている。超電導体として YBCO（$YBa_2Cu_3O_7$）を用いた場合の小型 SMES の模式図を**図 7.14** に示す。シリコンウェーハの上に 100 m を超える、一筆書きの溝をリソグラフィとプラズマエッチングで作製し、この上に NbN や YBCO といった超電導体膜をスパッタリングあるいは有機金属化合物堆積法（MOD；metalorganic deposition）で作製し、この後、銅めっきにて溝を埋め、CMP（化学機械研磨：chemical mechanical polishing）にて表面を平坦にし、1 ウェーハを完成させる。

　ここで、MOD は、有機金属化合物を主成分とする溶液を塗布し液膜化し、乾燥・焼成処理を経て酸化物薄膜を形成する方法である。YBCO 薄膜作製に

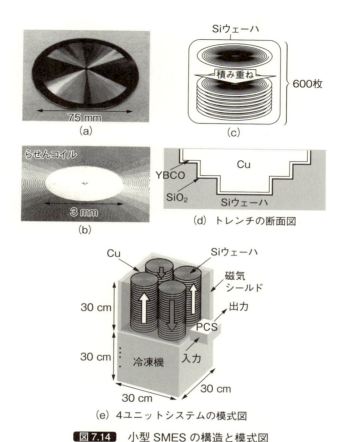

図7.14 小型 SMES の構造と模式図

用いた。MODにより形成した**図7.15**に示すYBCO膜の超電導特性を**図7.16**に示す。液体窒素温度以上で超電導性を示している。

これまでに超電導体特性などを評価し、小型 SMES の基礎ができた。このウェーハを60枚重ね、1ユニットとする。このユニットを4個、磁気特性が干渉しないよう配置し、図7.14 に示す小型 SMES が完成する。この小型 SMES の完成までは至っていないが、基礎は確立することができた。液体窒素で使える小型の蓄電体を目指して、薄膜技術、またエッチング技術の表面処理技術を駆使している。

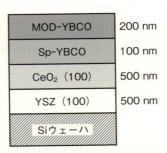

図 7.15 超電導測定を行った YBCO 多層膜

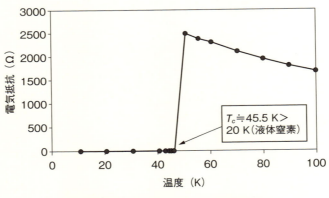

図 7.16 YBCO 多層膜の超電導特性

7.4 化学的機能膜

薄膜の化学的機能は、濡れ性、耐食性、エッチング性、表面反応性、ガス透過性、触媒特性、吸着性、密着（付着）性、液晶配向性など広い領域にわたっている。これらの領域における化学的性質の分類を**表 7.7** に示す。このうちの代表的な化学的機能膜として、ぬれ性に関し、はっ水膜と親水膜を、次いで耐食膜、さらにガスバリア膜について述べる。

表 7.7 薄膜の化学的性質の分類

現象	化学的性質
ぬれ	はっ水性、親水性、はつ油性、親油性、防曇性、洗浄性
表面反応	エッチング性、耐食性（耐水性、耐薬品性、耐高温酸化性なども含む）、触媒活性、電極活性、光触媒性、半導体電極特性、センサ性、クロミック特性
ガス透過	ガス透過性、ガス分離性、ガスバリア性
吸着	吸着性、吸着分離性
付着（接着）	接着性、剥離性、印刷、染色特性
液晶配向	液晶分子配向性

▶ 7.4.1 はっ水膜と親水膜

（1）はっ水性と親水性

ハスやサトイモの葉は、水をころころとよくはじく。水鳥の羽根やアメンボウの足も、水をよくはじく。一方、窓ガラスや紙は、水がよくぬれる。このように、水をよくはじく『はっ水性（疎水性）』、逆に、水がよくぬれる『親水性』は、多くの工業分野で重要な性質である。

図 7.17 は水滴が平滑な固体表面に置かれたときの状態を示す。水滴が表面にべたりとぬれた状態からはじいた状態まで、各種変化する。水滴の固液

水滴の様子	水滴接触角	現象
	～0	超親水性
	<10	良好な親水性
	>80	良好なはっ水性
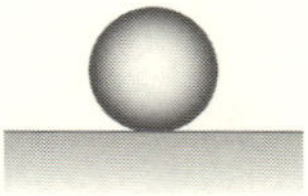	>150	超はっ水性

図7.17 平滑な固体表面上の水滴の状態

気界面での接線と固体表面のなす角を接触角という。はっ水性や親水性は、この水滴の接触角の大きさで評価される。接触角が大きいほどはっ水性は大きく、また小さいほど親水性は大きい。図7.17 に示すように、接触角がほぼ 0° の場合を超親水性、約 10° 以下の場合を良好な親水性、約 80° 以上の場合を良好なはっ水性、約 150° 以上の場合を超はっ水性と呼んでいる。これらの境界の角度については、厳密な定義は今のところない。

水滴を平滑な固体表面上に置いたとき、図7.18(a)に示すように、水滴の接触角 θ は、水と固体の間の界面エネルギー γ_{SL}、空気と水の間の界面エネルギー（すなわち水の表面エネルギー）γ_{LV}、空気と固体の間の界面エネルギー（すなわち固体の表面エネルギー）γ_{SV} に関係しており、次式がなりたつ。

$$\gamma_{SV} = \gamma_{SL} + \gamma_{LV} \cos \theta \tag{7.1}$$

この式は、1805 年に T. Young により求められ、Young の式と呼ばれる。式(7.1)より、水の表面エネルギーを一定とすると、固体の表面エネルギーが小さいほど、接触角は大きくなることがわかる。このため、表面エネルギーの小さな材料ほど、接触角が大きくなり、はっ水性が向上する。表面エネ

7.4 化学的機能膜

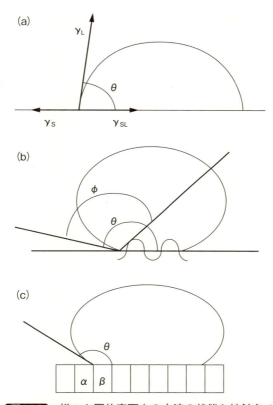

図7.18 様々な固体表面上の水滴の状態と接触角 θ
(a)平滑な表面、(b)粗さのある表面、(c)2種類の材料（α、β）からなる表面

ルギーの小さな材料としては、ポリテトラフルオロエチレン（PTFE、商品名テフロン）がよく知られており、このPTFEの接触角は約110°である。表面でのCF$_3$基の存在が、表面エネルギーの低下に寄与している。

表面エネルギーを下げる官能基としては、この他にCH$_3$基が知られており、これらの官能基を表面に配置することで、接触角を大きくすることができる。また逆に、表面エネルギーを大きくすることにより、接触角は低下する。このための官能基としては、OH基が知られている。表面をOH基で覆うことにより、水滴接触角を0°にすることが可能になる。このため、表面官能基を制御した薄膜を被覆することにより、基板の接触角を制御することができる。

135

今までは平滑な表面の場合であった。ハスの葉のように、水滴をころころとはじく超はっ水状態を得るには、材料の表面エネルギーの低下のみでは達成できない。もう1つの因子として、材料の表面形状（表面の凹凸）が挙げられる。表面形状を考慮した場合、見掛けの接触角を与える式はいくつか提案されている。このうち、Wenzelの式とCassieの式について述べる。

1936年、R. N. Wenzelは、表面に微視的な凹凸を付ければ、親水性表面はますます親水性に、またはっ水性表面はますますはっ水性になることを明らかにした。Wenzelによれば、ある材料の固有の接触角がϕで、材料表面の粗さにより界面の面積がr倍になったとき〔図7.18(b)〕の接触角θは、次式で与えられる。

$$\cos\theta = r\cos\phi \tag{7.2}$$

この式は、Wenzelの式と呼ばれる。式(7.4.2)より、rの大きさには制限があるが、ϕが90°より小さい場合は、rが大きくなるとθは小さくなり、ϕが90°より大きい場合、rが大きくなるとθは大きくなることがわかる。

また、A. B. D. CassieとS. Baxterは、1944年、図7.18(c)に示すように、接触角α、βの2種類の材料が、面積比$t:(1-t)$で構成する表面での接触角θは、次式で与えられることを示した。

$$\cos\theta = t\cos\alpha + (1-t)\cos\beta \tag{7.3}$$

この式は、Cassieの式と呼ばれ、部分的に空気で覆われた表面に適用される。空気で覆われた表面は非常にぬれにくいため、空気の接触角を180°と仮定し、βを180°とすると、式(7.2)と式(7.3)より、次式が求まる。

$$\cos\theta = -1 + t(r\cos\phi + 1) \tag{7.4}$$

この式(7.4)より、見掛けの接触角θを大きくするには、材料表面固有の接触角ϕが大きく、また粗さの目安であるrを大きく、t（固体の材料が露出している個所）を小さくしたとき、式(7.4)の右辺は-1に近づき、見掛けの接触角θが大きくなる。

超はっ水状態を実現するには、表面エネルギーを小さくし、さらに表面の凹凸を大きくすればよく、超親水状態を実現するには、表面エネルギーを逆に大きくし、さらに表面の凹凸を大きくすればよいことがわかる。

（2）はっ水膜および親水性膜の形成法と応用

はっ水性や親水性の薄膜について、今までに各種形成法が開発されてきた。

7.4 化学的機能膜

まず、はっ水性の場合について述べる。方法は、①ウェットプロセス、②ドライプロセス、③複合プロセスに大別される。①にはゾル−ゲル法、化学吸着法、分散めっき法、塗装法などが、②には低温プラズマ処理法、プラズマ重合法、プラズマCVD法、スパッタリング法、イオン注入法などが、③にはプラズマ処理と化学吸着との複合法などが属する。今までに開発された代表的なはっ水膜形成法を**表7.8**に示す。

どの方法においても、原料より、表面エネルギーを低くする官能基（CF_3基、CH_3基など）の導入を行い、成膜あるいは処理条件の制御による表面形状の付与を行って、はっ水化を図っている。また、透明性の確保には、表面形状の大きさの制御が必要である。

具体的には、表面での凹凸の一番高い個所と一番低い個所の差を約350 nm より小さくする。これらの方法のうち、プラズマ CVD 法は、低温で処理が行え、プラスチック、ガラス、半導体、金属、紙など、いろいろな基板へのはっ水性付与に適した方法である。有機シリコン化合物を原料として、図4.6 に示すリモート方式マイクロ波プラズマ CVD 法により作製した酸化シリコン系の超はっ水薄膜上の水滴の写真を、**図7.19**に示す。接触角は160°と大きく、水滴の形状は球状である。

最近、走査電子顕微鏡の試料室の中にガスを、最大 2,000 Pa まで導入し、低真空下で非導電性の試料を観察できる環境制御型走査電子顕微鏡が開発された。この電子顕微鏡を用い、はっ水処理していないシリコン基板および超はっ水膜上で凝縮した水滴を観察すると、**図7.20**(a)、(b)のように見える。同図(b)から水滴の大きさに関わらず、水滴がほぼ球状を呈していることがわかる。

このはっ水性の薄膜を高倍率で観察した電界放射型走査電子顕微鏡写真を図7.20(b)に示す。薄膜は粗な構造になっており、表面の凹凸が大きいことがわかる。表面の凹凸を制御し、可視光が散乱しないようにすると、透明な超はっ水膜が得られる。透明なガラスおよびポリカーボネート基板を用いた場合、この薄膜と薄膜上の水滴の写真を**図7.21**に示す。

このように、薄膜の表面微細構造を制御することにより、透明性が加わった超はっ水膜が形成でき、透明性が要求される応用分野で有用である。このような表面微細構造を制御した透明超はっ水薄膜のプラズマ CVD による形

第7章 ドライプロセスの応用

表7.8 今までに開発された代表的なはっ水膜形成法

プロセス	基 板	処理温度 (℃)	原 料	透明性
ウェットプロセス 　ゾル-ゲル法	鋼、アルミニウムなど金属、ガラス	400以下	有機シリコン化合物（フルオロアルキルシラン、フッ化アルキルトリクロロシランなど）、有機ジルコニウム化合物	良好
化学吸着法	鋼、アルミニウムなど金属、ガラス、歯科材料	室温～150	有機シリコン化合物（フッ化アルキルトリクロロシランなど）	良好
分散めっき法	鋼、アルミニウムなど金属	45	フッ化グラファイト、カチオン系界面活性剤、ニッケル分散液	不良
ドライプロセス 　低温プラズマ処理法	プラスチック、ゴム、木材、セラミックス	室温付近	フッ化炭素、フッ化シリコン、フッ化窒素、メタン	基板と同様
プラズマ重合法	プラスチック、ガラス、セラミックス	室温付近	フッ化炭素、有機フッ素化合物	良好
プラズマCVD法	プラスチック、ガラス、セラミックス、金属、半導体	室温付近	有機シリコン化合物（フルオロアルキルシラン、トリメチルメトキシシランなど）	良好
スパッタリング法	プラスチック、ガラス	室温付近	テフロン、有機フッ素化合物	良好
複合プロセス 　化学吸着法＋プラズマ処理法	PETフィルム	室温付近	有機シリコン化合物、酸素	良好

7.4 化学的機能膜

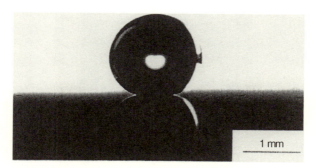

図 7.19 超はっ水薄膜を形成した基板上の水滴写真
水滴の直径は約 1.5 mm、水滴接触角は約 160°

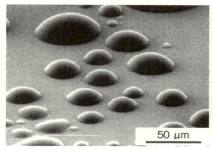 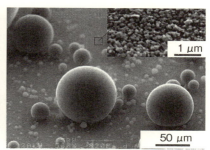

(a) シリコン基板上の微小水滴　　(b) シリコン基板上に形成した超はっ水薄膜上の微小水滴　右上の拡大写真は、電界放射型走査電子顕微鏡による表面を示す

図 7.20 環境制御型走査電子顕微鏡による微小水滴の写真

(a) ガラス基板　　　　　　　　　(b) ポリカーボネート基板

図 7.21 透明な超はっ水薄膜を形成した水滴の写真

第7章 ドライプロセスの応用

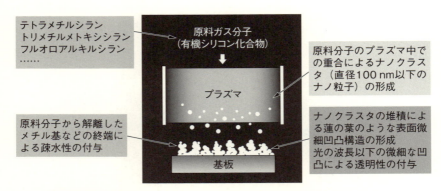

図7.22 プラズマCVDによる透明な超はっ水薄膜形成の模式図

成過程の模式図を、**図7.22**に示す。

一方、超親水膜あるいは親水表面形成法には、TiO_2を代表とする光触媒を利用した各種処理法、エキシマランプ・レーザーなどによる光照射を利用した表面改質法、プラズマを利用した表面改質法、自己組織化単分子膜形成法などが開発されている。この場合、表面エネルギーを高くする官能基（OH基、COOH基、NH_2基、OSO_3H基など）の表面への導入を図り、表面形状の制御も併せて行っている。また、超はっ水膜を形成後、Xeエキシマランプ照射を行うことで超親水膜に変換することも可能である。

一方、水に対する表面の性質と同様に、各種の油に対しても同様な表面の性質が求められている。水に対してはっ水性が優れている表面は、油に対しても優れていることが多い。特に、Fの入った官能基で覆われた表面は、はつ油性にも優れている。

はっ水性・はつ油性表面の応用分野は広い。**図7.23**に示すように、ウィンドウ、ミラー、光学レンズ、めがねレンズなどの光学部品、高層ビル窓材・外装材などの建築部材、エンジンオイル噴出口などの自動車部品、インクジェット噴出口、マイクロマシン・ナノマシンなどの精密機械部品、カテーテル、DNAチップ、バイオセンサなどの医療用器材、船底塗装材などの船舶部材、パイプなどの輸送用配管材、被服素材、通信機材、パッケージ部材、飲料食品関連材料、着雪・氷結防止材などへの応用が可能である。親水性表面も、上記はっ水性と重なった分野、また接着性の向上が求められる分野な

7.4 化学的機能膜

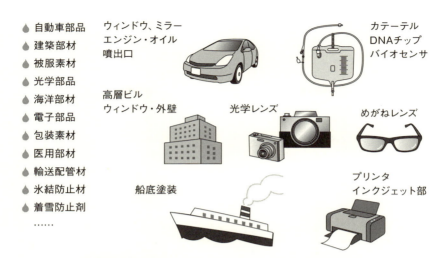

図7.23 超はっ水膜および超はっ水材料の応用分野

ど、広い応用分野を持っている。

図 7.24 に透明な超はっ水膜をコーティングした手袋（繊維）、陶器、金網、紙皿、および茶こしとその上の水滴の写真を示す。

工業的な応用の場合には、耐久性（耐水性、耐摩耗性、耐紫外線性、耐油性など）、防汚性といった機能が更に要求される。工業的な応用に耐え得る薄膜をいかにして形成するかが課題である。この課題を解決することが、超はっ水膜および超親水膜の幅広い応用につながる。

▶ 7.4.2 耐食膜

腐食は、ある環境下で材料が損なわれていく現象を指し、この特性を腐食性という。逆に、損なわれを遅くさせる特性を耐食性という。腐食を防ぐ耐食膜は、多くの工業分野で必要とされている。

耐食性を理解するためには、まず、腐食がどのようにして起きるかを理解する必要がある。金属、半導体、セラミックス、プラスチックなど、対象とする材料により、その腐食性は異なる。本節では、主として金属を対象として、腐食性および耐食性を述べる。

第7章 ドライプロセスの応用

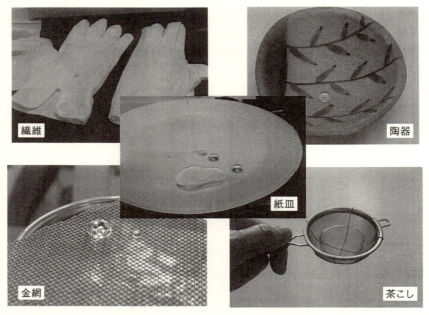

図7.24 透明な超はっ水膜をコーティングした手袋(繊維)、陶器、金網、紙皿および茶こしとその上の水滴

(1) 腐食性
①金属の腐食性

　自然界では、多くの金属元素は、酸素、硫黄、ヒ素などの元素と結合し、鉱石として熱力学的に安定した状態で存在している。鉱石から製錬により金属を取り出すが、取り出された金属は熱力学的には不安定な状態にある。このため金属には、周りの酸素などと反応し、元の熱力学的に安定な状態に戻る性質がある。金属の腐食は、この本来の性質による。

　薄膜の腐食の場合、膜自身の薄さにより、大きな材料(バルクと呼ぶ)の場合と比べ、同じ腐食速度でも短時間に損傷を受ける。また一般に、薄膜材料はバルクと比べ、格子欠陥を多く含むことが多いため、この格子欠陥の多さによっても、速く腐食が進むことがある。薄膜材料の腐食を扱う場合、薄膜自身の薄さと薄膜の欠陥特性を考慮することが重要である。

　金属の腐食には、いろいろな種類がある。腐食させる環境から、①湿式腐

食、②乾式腐食に大別される。湿式腐食は、溶液環境中での腐食で、水溶液、非水溶液、溶融塩などの溶液中で起きる。湿式腐食には、**表7.9**に示すようにいろいろな種類がある。乾式腐食は、ガス環境中での腐食で、熱により金

表7.9 腐食の分類

環境による分類	名　称	説　明
湿式腐食		溶液（水溶液、非水溶液など）環境中での腐食
	全面腐食	材料の全面が損なわれる腐食
	局部腐食 　孔食	材料の一部が損なわれる腐食 ステンレス鋼、アルミニウムなどで起きる孔状の腐食
	隙間腐食	材料間に隙間がある場合、隙間で生じる腐食
	粒界腐食	結晶粒の間の粒界で選択的に生じる腐食
	脱成分腐食	真鍮などの合金で、一成分のみ溶解が進む腐食
	異種金属接触腐食	2種類の金属の接触により生じる腐食
	糸状腐食	塗装鋼板、アルミホイルで、糸状に生じる腐食
	電食	漏洩電流などを原因として生じる腐食
	応力腐食割れ	応力負荷下で、腐食と相乗作用で生じる割れ
	水素脆性	水素化物の生成に起因する金属材料の脆化
	腐食疲労	繰返し応力下で、腐食と相乗作用で生じる疲労
	流体中での腐食 　エロージョン・コロージョン	流体の速度作用により促進される腐食 液体と材料との摩擦に起因する腐食
	キャビテーション・エロージョン	液体中で生じる気泡に起因する腐食
乾式腐食		ガス環境下での腐食
	高温酸化	酸素を含むガス中で、高温下で進む酸化現象
	高温腐食	硫化水素など腐食性ガス中で、高温下で進む腐食
	変色	ガス中で、常温で進む緩やかな腐食

属とガスとが反応することにより起きる。この場合にも、表7.9に示す種類がある。薄膜の腐食の場合、使用環境により、同表に示す各種腐食が起きることが考えられる。

　湿式腐食、乾式腐食どちらの場合にも、腐食の機構は電気化学的に説明でき、電気化学が腐食・防食を理解するために役立つ。このため現在、電気化学的方法により腐食性、耐食性を評価することが多く行われている。各種研究においても、電気化学的方法により実験がなされ、検討が加えられている。次項では、腐食性を評価する上で重要な電気化学的評価法の基礎を述べる。

②電気化学的評価法の基礎

　電気化学的評価法は、耐食性、エッチング性など電気化学反応が関与する機能の評価において使用されている。電気化学反応は、電極と溶液（電解液）中の化学物質との間で反応が進む。この際、溶液側から電子が流れ込む電極はアノード、逆に溶液側に電子が移る電極はカソードと呼ばれる。アノードは電解系では＋極、電池系では－極であり、電解系と電池系では正負が逆になるので注意を要する。

　電気化学反応は、ファラデーの法則に従い進行する。すなわち、同じ電気量で分解したり、溶解したり、析出したりするいろいろな物質のグラム当量はいつも等しく、1F（ファラデー定数；96,485 $Cmol^{-1}$）で1グラム当量の物質のやりとりが行われる。

　電気化学的測定法は、求めようとする情報により、**表7.10**に示すように分類される。薄膜材料を電極にした場合、ボルタンメトリ、クーロメトリ、イ

表7.10　電気化学的測定法の分類

名　称	測定量	特　徴
ボルタンメトリ	電流、電圧、濃度	反応速度測定
ポテンシオメトリ	電圧、濃度、組成	化学反応解明
クロノポテンシオメトリ	時間、電圧、濃度	化学反応追跡
クーロメトリ	電気量、電流、時間	化学反応解明
ポーラログラフィ	電流、電圧、濃度、組成	微量測定
コンダクメトリ	導電率、濃度、組成	バルク情報
インピーダンス測定	抵抗、容量、濃度、組成	界面情報

ンピーダンス測定の3種類が多く使用されている。

　電極反応を起こさせる電極系の構成としては、2電極方式と3電極方式とがある。2電極方式では、電極の電位が相対的にしか決まらないため、基準となる参照電極（照合電極、RE）をもう1本置いた3電極方式が多く使用されている。ここで、調べたい電極は作用（電）極（試験（電）極、指示（電）極、WE）と呼ばれ、組み合わせて電流が支障なく流れる相手の電極は対（電）極（CE）と呼ばれる。

　図7.25に基本的な3電極方式の測定系の構成を示す。測定しようとする薄膜の付いた電極が作用極となる。参照電極としては、標準水素電極（SHE、NHE）、銀・塩化銀電極（Ag・AgCl）、飽和カロメル電極（SCE）などが条件によって使われる。最近では、環境への配慮と使いやすさから、銀・塩化銀電極が使われることが多い。それぞれの参照電位による電位は換算することができる。どの参照電極を電位基準にしたかを示すため、電極電位は $-1.2\,\text{V vs. SHE}$ のように表示される。

　一方、対極としては通常、種々の形状の白金電極が、溶解などを起こさず

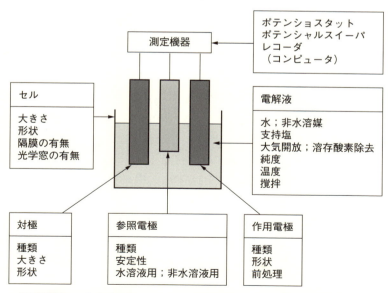

図7.25　電気化学計測における3電極方式測定系の構成と注目事項

不活性なため使用される。また電析により表面積を大きくした白金電極（白金黒電極と呼ぶ）も用いられる。対極の面積は、作用電極の面積より十分に大きいことが必要である。

3電極方式により電流-電位曲線（分極曲線、ボルタモグラムという）を求める基本となる測定法が、ポテンショスタット（定電位電解装置）を使用した方法である。ポテンショスタットは、参照地極に対する作用地極の電位を、設定した電位に常に保持できるようにした装置である。電極電位を時間とともに指示したとおりに変化させる装置として、ポテンシャルスイーパ（ポテンシャルプログラマ、ファンクションジェネレータ）が、ポテンショスタットとともに用いられる。電流-電位曲線はまた、電極に流れる電流値を一定に保持するガルバノスタットを用いても測定できる。市販のポテンショスタットには通常、ガルバノスタットの機能も付いている。

このようにして電流-電位曲線を求める方法を、ボルタンメトリという。この際、三角波などの電位スイープにより何回も測定を繰り返して電流-電位曲線を求める場合を、サイクリックボルタンメトリと呼んでいる。

クーロメトリは、電気量つまりクーロン量を測定できるクーロメータをポテンショスタットなどと組み合わせて、電極反応の定量化を行った方法で、反応解析に役立つ方法である。

インピーダンス測定は、電極と溶液との界面の情報を求めるのに使用される。測定器としては、インピーダンスブリッジ、インピーダンスメーター、周波数特性解析器、スペクトラムアナライザーなどが用いられる。用いる装置により周波数範囲が異なるが、およそ1 mHzから1 MHzが使用される。

測定結果は、インピーダンス$Z (=R-jX)$の実数成分Rと虚数成分Xとを複素面上に表示したCole–Coleプロットとして示される。このCole–Coleプロットより等価回路を考察し、二重層容量、導電率、誘電率、ファラデーインピーダンス（反応抵抗）などの情報を求め、電極反応を解析する。また、横軸に周波数を対数に取り、縦軸に振幅比の対数と位相差をそれぞれ表したものをBodeプロット（Bode線図）と呼び、回路成分解析に用いられている。インピーダンス測定においては、周波数応答をいかに解析するかが課題である。

③薄膜の腐食性

薄膜の腐食は、積極的にはエッチングとして使用されている。エッチング性は腐食性と同じである。エッチングは、微細パターン形成に用いられるが、これ以外に、薄膜表面の平滑性をよくするため（ポリシング）、シリコンなど半導体や金属の表面に形成した自然酸化物を除去し清浄表面を得るため（基板の前処理）にも使用される。

薄膜の腐食性は、原理的にはバルクに対する腐食性と同じである。ただし、薄膜の組織、緻密さ、含有する格子欠陥など薄膜特有の性質により、バルクの場合と比べ腐食速度、腐食形態など腐食性に違いが生じる場合もある。

基本となる薄膜の水溶液中での湿式腐食について述べる。薄膜が腐食する場合、薄膜を構成する元素が直接イオンとなって溶解する場合と、薄膜表面が酸化などの反応により酸化物などの化合物が形成し、その化合物が溶解する場合とがある。

金属の溶液に溶解する場合の反応を考えてみよう。金属の溶解反応は、簡単には

$$M \rightarrow M^{z+} + ze \tag{7.5}$$

と示され、z 価の金属原子 M は金属結合力を失って、イオン化する。この反応には、金属内の電子 e が関与している。この場合は電子を放出しており、アノード反応と呼ばれる。電子のポテンシャルは電極電位により表され、反応の進行方向や速度は電極電位に依存している。

金属が溶解すると、金属内の電子の濃度は増加し、電位はマイナス方向に変化する。この金属内の電子が他の反応により使われないと、溶解反応は止まる。溶解反応が持続して進むためには、金属内の電子を使う反応が別に起きなければならない。電子を受け取る反応は、カソード反応と呼ばれる。アノード反応と同時にカソード反応が進行して初めて、金属の溶解は進む。

カソード反応としては、次の反応が考えられている。酸性溶液中や脱酸素した溶存酸素を含まない溶液中では、

$$2H^+ + 2e \rightarrow H_2 \tag{7.6}$$

の水素発生反応がある。酸性溶液中では水素イオン（H^+）の濃度が高いため、この反応が進む。一方、中性溶液やアルカリ性溶液では、水素イオンの濃度が低いため、この反応の進行は極めて遅くなる。しかし、水溶液中に溶存酸

素を含む場合には、別の酸素還元反応
$$O_2 + 2H_2O + 4e \rightarrow 4OH^- \tag{7.7}$$
がカソード反応となる。

これらアノード反応とカソード反応とが同じ金属表面上で起きて初めて、溶解反応は連続的に進行する。これらの反応は、局部電池を形成していると言われる。金属表面でどこがアノード、カソードになるかは、表面構造、表面形態など表面の特性と水溶液組成、温度、流速など環境特性による。通常の水溶液系の腐食環境は溶存酸素を含んでいるため、式(7.7)で示される酸素の消費反応が起きる。

金属表面でアノードとカソードとが微視的に数多く存在し、それらの位置が絶えず動くと、全面が均一に溶解し全面腐食となる。金属中の不純物、格子欠陥など何らかの原因により、アノードとカソードが固定される場合には、アノードの個所が深く溶解する孔食などの局部腐食が生じる。

式(7.7)の溶存酸素の還元反応がカソード反応として起きる場合、式(7.5)の反応で溶解した金属イオンと式(7.7)の反応で生成した水酸イオンとが反応し、水酸化物が形成する。この水酸化物が水溶性でない場合は、表面に析出し、試料の均一な溶解を妨げることがある。この反応は防食に用いることができる。

各種環境下で金属の腐食が起きるかどうかの判断に役立つ情報に、次項で述べる電位-pH 図がある。

④電位-pH 図

一般に、金属がある浴液へ溶解するか否かの可能性は、この場合の反応系が熱力学的に平衡であるかどうかを考えることによって検討することができる。プールベ（M. Pourbaix）は、熱力学的なデータを用いて、いろいろな元素について、水溶液中で電極にしたときの、電極電位と水素イオン濃度（pH）を関数とした平衡図（電位-pH 図という）を作成した。この図はプールベダイヤグラムと呼ばれ、この図を見ることにより、ある電位と pH の条件において、その金属が溶解するかしないかを理論的に判断することができる。現在数多くの材料について電位-pH 図は求められている。

図 7.26 に示すアルミニウムの場合を例として、電位-pH 図を説明する。

水溶液を扱うので、まず水の性質を明らかにすることが重要である。水に

7.4 化学的機能膜

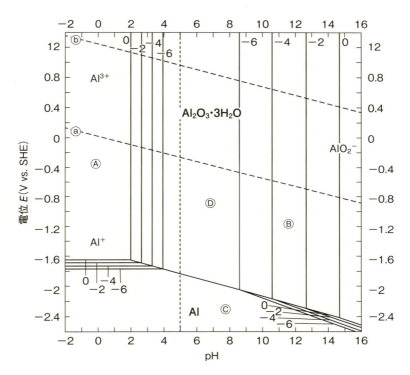

0、−2、−4、−6は、[Al^{3+}] = 10^0、10^{-2}、10^{-4}、10^{-6} mol・l^{-1}に対する平衡線を示す

図7.26 アルミニウムの電位-pH 図

対しては、次の2つの電気化学反応

$$\text{平衡線 a}: H_2 = 2H^+ + 2e \tag{7.8}$$

$$\text{平衡線 b}: O_2 + 4H^+ + 4e = 2H_2O \tag{7.9}$$

($O_2 + 2H_2O + 4e = 2OH^-$ と書いても、熱力学的には同じ)

が存在する。

　平衡線 a より下では水素発生反応が、平衡線 b より上では酸素発生反応が起き、これらの領域では水は不安定である。平衡線 a と平衡線 b の間では、水素の酸化反応と酸素の還元反応が起き水は安定である。

　アルミニウムの場合、溶解イオンである Al^+、Al^{3+} を生成するⒶの領域

149

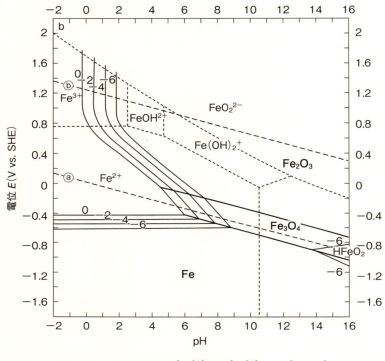

0、−2、−4、−6は、$[Fe^{2+}] = [Fe^{3+}] = 10^0$、$10^{-2}$、$10^{-4}$、$10^{-6}$ mol・l^{-1}に対する平衡線を示す

図7.27 鉄の電位-pH図

AlO^{2-}を生成するⒷの領域では、アルミニウムの溶解が進む。Ⓒの領域ではアルミニウムは不活性で、Ⓓの領域では不溶性の酸化物を形成し、共に溶解を起こさない。したがって、アルミニウムの場合、酸性側とアルカリ側の両方で腐食が起きることがわかる。

このように、電位-pH図により、どのような電位とpHの条件で溶解反応が進むかの検討をつけることができる。

近年よく使われる金属例として、鉄の電位-pH図を**図7.27**に、チタニウムの電位-pH図を**図7.28**に、マグネシウムの電位-pH図を**図7.29**に示す。また、半導体の代表として、シリコンの電位-pH図を**図7.30**に示す。この図よ

7.4 化学的機能膜

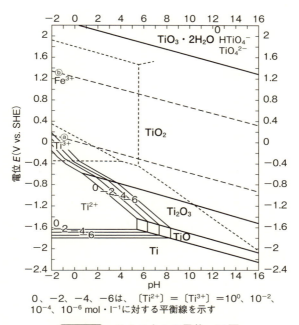

0、−2、−4、−6は、$[Ti^{2+}] = [Ti^{3+}] = 10^0$、$10^{-2}$、$10^{-4}$、$10^{-6}$ mol・l^{-1}に対する平衡線を示す

図7.28 チタニウムの電位–pH図

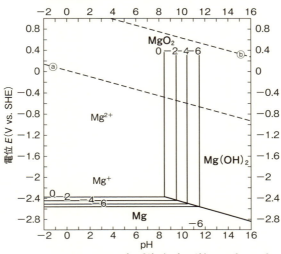

0、−2、−4、−6は、$[Mg^{2+}]$($=[Mg^+]$)$= 10^0$、10^{-2}、10^{-4}、10^{-6} mol・l^{-1}に対する平衡線を示す

図7.29 マグネシウムの電位–pH図

151

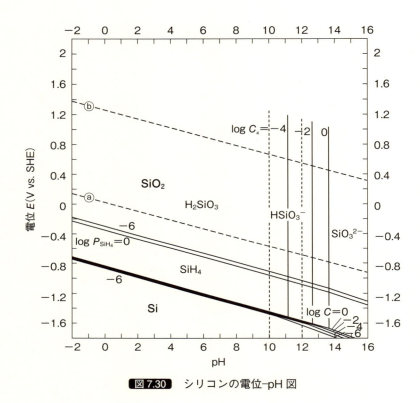

図7.30 シリコンの電位-pH図

り、シリコンは高アルカリ側で腐食されることがわかる。アノード反応では、SiO_2 の皮膜が形成し、腐食が進まないこともわかる。ただし、フッ酸を用いると、SiO_2 は溶解しシリコンは腐食される。

この電位-pH図は熱力学的データを基に作成されているため、溶解速度についての情報は与えられない。また他の共存イオンが存在する場合は、図は修正されなければならない。電位-pH図を考えることで各種薄膜材料の腐食性を考察することができる。

(2) 耐食性

①薄膜の耐食性

ステンレス鋼は、多くの環境下で金属光沢を保ち、耐食性に優れている。この原因は、表面に形成される厚さ 1〜3 nm の不動態皮膜によっている。自

然に形成する不動態皮膜と呼ばれる超薄膜が、金属が溶液中に溶解すること
を妨げ耐食性を与えている。また、この不動態皮膜が何らかの原因で壊され
ても、直ちに自己修復され、元の耐食性の高い不動態皮膜を形成し続ける。
これらの理由により、ステンレス鋼は高い耐食性を維持している。薄膜材料
に耐食性を与える場合、薄膜表面への耐食性に優れた超薄膜の形成とその超
薄膜の自己修復性を考慮することが重要である。とはいえ、自己修復性は一
般には難しい課題である。

　ステンレス鋼といえども、濃度の高い塩化物溶液中では、不動態皮膜の修
復が困難になり腐食を起こす。この典型的な形態として、ステンレス鋼の孔
食と隙間腐食が挙げられる。鋼、アルミニウム合金、チタン合金など、一般
に使われている材料の場合も、環境によっては不動態皮膜を形成し高い耐食
性を示す場合もあるが、環境によっては不動態皮膜の形成が行われず腐食す
る場合もある。使用する環境を考え、耐食性を考察することが重要である。

②薄膜の耐食性試験

　薄膜の耐食性試験には、目的に応じて種々の試験法が用いられる。代表的
な方法は、

(1) 電気化学的試験：前項②で述べた分極曲線の測定、孔食電位・隙間腐
食電位・不動態化電位などの測定、インピーダンス測定
(2) 促進試験：浸せき試験、噴霧試験（塩水噴霧試験、キャス試験、酢酸
塩水噴霧試験など）、ガス試験（亜硫酸ガス試験、硫化水素ガス試験
など）、高温酸化試験、湿度試験
(3) 屋外暴露試験

である。短い時間で結果が得られることから、電気化学的方法と促進試験が
多く使われる。次に、これらの試験法を用いて耐食性を評価した事例を述べ
る。

③耐食膜

　ステンレス鋼は、表面の不動態皮膜のため高い耐食性を示す。近年、その
美しさの維持のため、また弱点である塩化物イオンによる孔食や隙間腐食を
防ぐため、より高い耐食性が要求されている。このため薄膜コーティングに
よるステンレス鋼の耐食性向上の研究がなされた。**図 7.31** に微量の塩素ガ
スを含む温水プールにおける暴露試験結果を示す。Cr、SiO_2 のコートが耐食

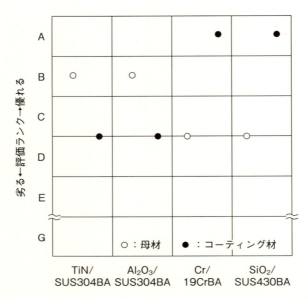

図7.31 母材、コーティング膜の温水プールにおける9週間暴露試験結果

表7.11 ドライコーティングステンレス鋼の大気中200時間加熱後の酸化変色

加熱温度 (℃)	Al_2O_3 膜 基板：SUS 304BA 膜厚：2 μm	SiO_2 膜 基板：SUS 430BA 膜厚：2 μm	SUS 304BA	SUS 430BA
400	変化なし	変化なし	金色	暗い金色
500	変化なし	変化なし	暗い茶色	暗い茶色
600	透明な紫色	変化なし	黄色～灰色	暗い茶色
700	透明な青色	灰色	灰色	黒色
800	緑色	黒色	黒色	黒色

性を向上させることがわかった。また、SiO_2、Al_2O_3 のコートが、**表7.11**に示すように耐高温酸化性にも優れていることもわかった。

　コーティングを施さない試料は400℃以上で酸化し着色するが、SiO_2 コートした試料は600℃まで変色しない。高温でもステンレス鋼の光沢を維持し

たいときには、セラミックス膜のコーティングが役立つ。SiO_2 コートによる耐食性改善の効果は銅の場合も顕著であり、インピーダンス測定の結果を図 7.32 に示す。分極抵抗がコーティングにより増加していることがわかる。この場合、SiO_2 膜はプラズマ CVD により低温で作製した。

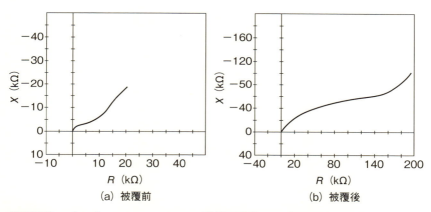

図7.32 プラズマ CVD による SiO_2 膜被覆前後の銅基板の Cole-Cole プロット

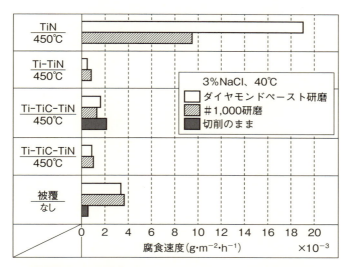

図7.33 TiN 膜をイオンプレーティングにより被覆したステンレス鋼の耐隙間腐食性

TiN膜単独のステンレス鋼へのコーティングは、温水プール暴露試験において、図7.31に示すように未処理材より耐食性を向上させていない。**図7.33**に、イオンプレーティング（IP）によりTiNをコートしたSUS404ステンレス鋼の耐隙間腐食性を、NaCl溶液中で評価した結果を示す。同様に、TiNコートのみの場合は耐隙間腐食性は低下している。しかし、TiをIPでアンダーコートすると耐隙間腐食性は改善され、Ti処理（多層化）の効果が現れる。

IP膜およびスパッタ膜には、基板温度に依存する多数の欠陥があり、基板温度を上昇させることが欠陥の減少、すなわち耐食性の向上に有効である。**図7.34**にTiNのコート有無鋼の隙間腐食再不動態化電位を測定した場合の繰返しアノード分極曲線を示す。TiNをコートしたステンレス鋼は隙間腐食を起こしにくいが、いったん起きると再不動態化しにくいことを示している。いかに欠陥の少ない膜を作製するかが耐食性改善の鍵である。

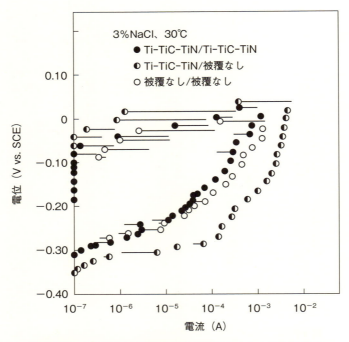

図7.34 TiN膜の被覆有無鋼の繰返しアノード分極曲線

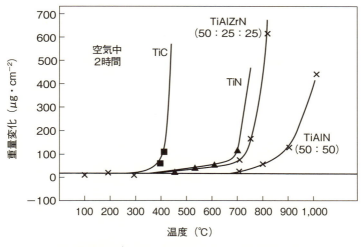

図 7.35 Ti 系化合物スパッタ膜の高温酸化特性

　Ti 系化合物スパッタ膜の高温酸化特性を、**図 7.35** に示す。TiN のみでは酸化は 550 ℃で始まるが、TiAlN とすると酸化は 800 ℃以上で始まり、耐高温酸化性が向上していることがわかる。これは、アモルファスの Al_2O_3 膜が酸化を防止しているためである。このようにして現在では、耐熱性を求められるハードコーティングには TiAlN 膜が広く利用されている。

　スパッタ法で作製した各種 Cu–Ta 合金膜のアノード分極曲線を、**図 7.36** に示す。アモルファス合金は結晶材に比べ高い耐食性を示すことがわかっているが、スパッタ法で作製した膜も高い耐食性を示している。Cu は HCl 中では腐食するが、アモルファスの Cu–Ta 合金とすると耐食性を示し、結晶の Ta より優れている。

　リン酸亜鉛系の化成処理膜が現在、自動車鋼板などの塗装下地として用いられている。この膜は、鋼板の耐食性を上げ、さらに鋼板と塗膜との密着性を上げるのに役立っている。このリン酸亜鉛膜の性能を向上させることを目的として、リン酸亜鉛膜のスパッタ法による作製を試み、塩水噴霧試験（SST）により評価した。ターゲットには、無水リン酸亜鉛と酸化亜鉛との混合粉を用いた。

　ターゲット組成と SST 剥離幅の関係を**図 7.37** に示す。ターゲット組成を

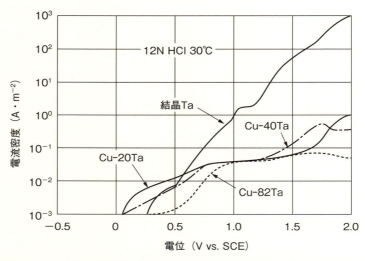

図7.36 スパッタ法で作製したアモルファスCu-Ta合金膜および結晶質タンタル膜のアノード分極曲線

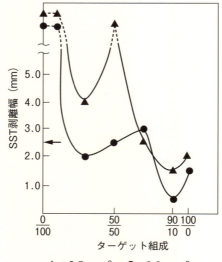

▲：0.5 gm^{-2}　●：2.0 gm^{-2}
←：リン酸亜鉛化成皮膜

図7.37 リン酸亜鉛ターゲット組成（無水リン酸亜鉛/酸化亜鉛）と塩水噴霧試験（SST）剥離幅の関係

変えることにより、膜中のPとZnの比率が変わる。ターゲット組成 90/10（P/Zn は 0.6）では、剥離幅は小さくなり、化成処理皮膜より耐食性が向上していることが分かる。このSSTの結果を**図 7.38** に示す。**図 7.39** に示すようにスパッタ膜の結晶粒の大きさは、化成処理膜の結晶粒の大きさと比べ

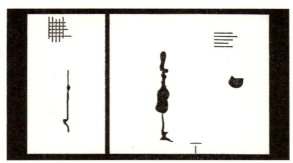

左：スパッタ膜、右：化成皮膜

図 7.38 塩水噴霧試験結果

	現在の塗装下地	試み
膜の種類	化成処理膜	スパッタ膜
SEM像		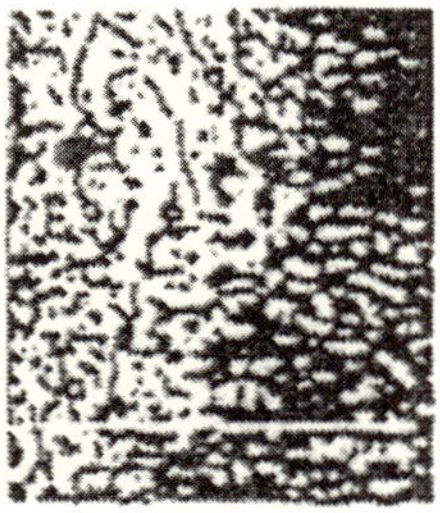
膜の形成	液相	気相
		微細な結晶 耐食性能は向上

図 7.39 リン酸亜鉛膜の走査電子顕微鏡像

第7章 ドライプロセスの応用

1/100以下の大きさになっている。スパッタ膜では緻密な膜が形成されており、このことが耐食性の向上にも寄与している。

イオン注入によっても耐食性の改善は図られる。鉄にSi、Tiを注入した場合の結果を**図7.40**に示す。−0.2V付近のアノード電流のピークは、鉄の溶液中への溶解に伴っており、この値が大きいほど腐食が大きい。Si、Tiを注

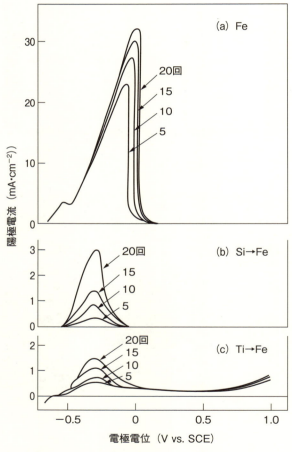

イオン注入条件：150 kV、10^{17} ions・cm^{-2}

図7.40 酢酸溶液中での純鉄、Si注入鉄、Ti注入鉄のサイクリックボルタモグラム

入することにより、アノード電流のピーク高さは減少し、溶解が防止されることがわかる。

このように耐食性の付与並びに耐食性の改善には、各種の薄膜および薄膜形成法が使われており、役立っている。

▶ 7.4.3 ガスバリア膜

現在、PET（ポリエチレンテレフタレート）は、ペットボトルと言われるプラスチック容器、ペットフィルムと呼ばれ、包装材料、電気絶縁材料、電子回路基板などに広く使われている。しかし、空気中の酸素や水蒸気を透過しやすく、用途によっては、酸素や水蒸気を透過しないようにしたバリア膜の形成が求められている。ペットボトルにおいては、容器中の炭酸ガスや水蒸気といったガスの容器外への透過を防ぐことが重要になっている。また、輸液用プラスチックバッグには、中が見える透明なガスバリア膜が必要とされている。こういった用途でのガスバリア膜としては、SiO_2膜、Si_3N_4膜、Al_2O_3膜、DLC膜などが開発されてきた。

シリカ（SiO_x）膜被覆によるPETフィルムの酸素ガスバリアー効果について述べよう。

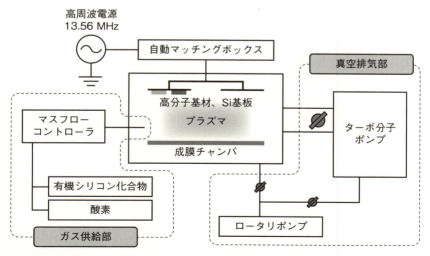

図 7.41 酸素ガスバリア膜作製用平行平板形高周波プラズマCVD装置

第7章 ドライプロセスの応用

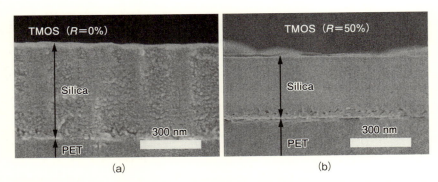

図7.42 TMOS のみの場合と TMOS に酸素を 50 % 添加した場合に PET フィルム上に形成されたシリカ膜の断面 SEM 写真

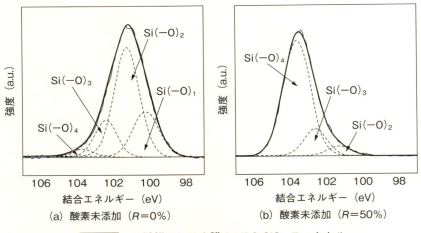

図7.43 2 種類のシリカ膜の XPS Si2p スペクトル

図 7.41 に示す平行平板形高周波プラズマ CVD 装置を用い、テトラメトキシシラン（TMOS）を原料として、シリカ膜を PET フィルム上に形成した。TMOS のみの場合と TMOS に酸素を 50 % 混合した場合に形成されるシリカ膜の写真を、図 7.42(a)、(b)に示す。酸素を 50 % 混ぜた場合の方が緻密なシリカ膜が形成できている。

この 2 種類の膜を、X 線光電子分光（XPS）で測定した Si2p スペクトルを、図 7.43(a)、(b)に示す。酸素未添加の場合には、Si(−O)$_2$ 結合が主であり、

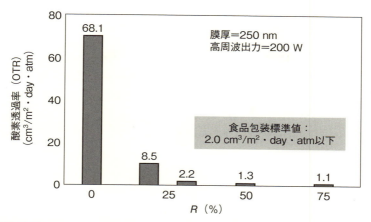

図7.44 酸素添加量を0％から75％まで変化させた場合の形成されたシリカ膜の酸素透過率(OTR)

O/Si比が低下している。これに対し、酸素50％添加の場合には、Si(-O)$_4$結合が主であり、SiO$_2$の組成に近いことがわかる。

酸素添加量を0％〜75％まで変化させた場合の酸素透過率(OTR)を、**図7.44**に示す。OTRは質量分析計を用いて測定した。酸素添加によりOTRは急激に低下し、緻密なシリカ膜が形成できたことによるバリア性が高まったことが判明した。酸素添加量25％以上で、食品包装基準値2.0 cm^3/m^2·day·atm以下のOTR値が求まっている。このように高純度シリカ膜形成により、酸素ガスバリア性を高めることができる。

7.5 生物・医学的機能膜

生物・医学的機能膜としては、広範囲にわたる。人工骨のジョイント部、ステント、手術用機器へのDLCコーティング、各種バイオセンサー、カテーテルなど医療器具などへ機能膜のコーティングがなされている。

第7章 ドライプロセスの応用

ここでは、超はっ水膜、また超はっ水／超親水パターンの細胞培養への応用を取り上げる。

▶ 7.5.1 超はっ水膜表面を利用する立体的細胞培養法の開発

現在、患者や近親縁者から採取した細胞を培養増殖し、移植に耐え得る組織・臓器を作製する『組織工学（ティッシュエンジニアリング）』の研究が進展している。この分野において、主要な課題の1つは、細胞組織を立体的に成長させ、組織化細胞を形成させることである。現在、高分子材料を利用した細胞の立体培養、宇宙無重力を利用した立体培養、地上で、高速回転培養装置により人工的微小重力の環境下における立体培養方法などが研究されているが、問題点があり、新しい立体培養法の開発が望まれている。

そこで、『超はっ水表面』を利用する立体的細胞培養法が開発された。水滴が超はっ水膜表面上で球状になる特性を利用して、細胞が球状の培地液体中で立体的に培養できることを明らかにし、ヒト間葉系幹細胞（hMSC）、胚性幹細胞（ES）などの簡便な立体培養作製テンプレートを開発した。hMSCの立体細胞培養を行い、細胞培養開始から30日後の結果を**図7.45**に示す。培養開始からの日数が経過するにつれて、細胞の成長が確認でき、30日後には、軟骨細胞に分化することが示唆された。このように、立体的細胞培養テンプレートとして、超はっ水膜表面を応用することができる。

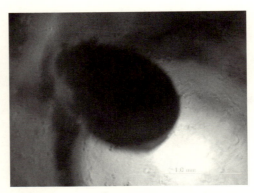

図7.45 hMSC細胞培養開始から30日後の顕微鏡写真（スケール：10 mm）

▶ 7.5.2 超はっ水／超親水パターン化構造の形成と生体組織細胞培養テンプレートへの応用

　超はっ水膜表面に真空紫外光を照射することにより、表面のメチル基あるいはフルオロアルキル基を水酸基あるいはカルボキシル基に変え、表面を超親水状態に変換することが可能となる。真空紫外光源としては、波長172 nm の Xe エキシマランプなどが使用できる。この照射を、マスクを介して行うことにより、超はっ水／超親水パターンが形成できる。図 7.46 は、環境制御型走査電子顕微鏡（ESEM）を用いて観察した超はっ水／超親水マイクロパターン上へ凝縮した微小水滴アレイを示す。超親水領域にのみ水滴が凝縮している。この方法により、水滴のマイクロアレイが作製でき、ナノ構造体、細胞アレイなどの作製に応用できる。

　超はっ水／超親水マイクロパターン膜表面上では、細胞親和性が大きく異なるため、細胞の接着・増殖が位置選択的に行われ、特異的な細胞培養が期待できる。このような表面を利用して、位置選択的な細胞培養を実現すれば、様々な組織体の形状に対応した細胞の培養が可能となり、高度再生医療分野の大きな進展につながる。超はっ水／超親水マイクロパターン膜表面を用いて、マウス繊維芽細胞（NIH-3T3）の位置選択的な細胞培養を行った。超は

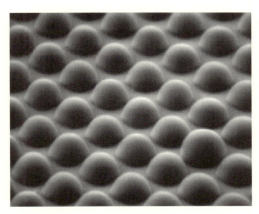

図 7.46　超はっ水／超親水マイクロパターン上への水滴の凝縮状態の ESEM 写真（水滴の径：25 μm）

第7章　ドライプロセスの応用

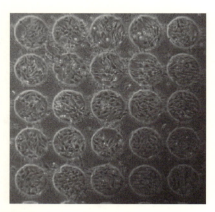

図7.47 超はっ水／超親水マイクロパターンを利用したマウス線維芽細胞アレイの形成（細胞アレイの径：250 μm）

っ水／超親水マイクロパターン表面上での細胞培養後3日目の位相差顕微鏡観察より、超親水部分のみ細胞が成長していることが判明した。

　一般に、細胞は、疎水性表面には接着しやすく、親水性表面には接着しにくいことが知られている。本結果はその定説と異なるものになった。この原因の1つとして考えられるのは、超はっ水膜表面に存在する「数十〜数百nmサイズの微小な凹凸構造」の影響である。細胞は表面の化学的性質だけでなく、微小な凹凸構造も認識していると考えられる。詳細な原因については、今後の検討課題である。

　本マイクロパターン膜表面を利用したマウス線維芽細胞アレイを**図7.47**に示す。超親水領域のみで細胞が培養されている。本パターニング方法を利用すると、正常ヒトさい帯静脈血管内皮細胞（HUVEC）の血管細胞培養も可能になる。親水性領域において、血管が形成することが観察でき、立体的に組織化した血管が形成されたことが示唆された。マイクロパターン上で血管内皮細胞から毛細血管の再生が可能になる。

第8章

機能性薄膜

　第 7 章に引き続きドライプロセスによる機能性薄膜の作製および応用例として、摺動部品、切削工具、バイオ関連部材などに多く使われるようになった DLC 膜（アモルファスの炭素系硬質膜）、フラットパネルディスプレイ、太陽電池などに広範に使われている透明導電膜、究極の薄膜である一分子層からなる自己組織化単分子膜（SAM）を取り上げ、説明する。

8.1 DLC膜

▶ 8.1.1 DLCとは

　DLC（diamond-like carbon；ダイヤモンド状炭素、ダイヤモンドライクカーボン）は、ダイヤモンドに近い性質を示す非晶質（アモルファス）炭素である。この性質には、構造的性質、機械的性質、電気的性質、光学的性質、化学的性質などが挙げられ、他の炭素種と比べ、ダイヤモンドに一部でも性質が近ければ、DLCと称されている。しかし、商品名的には、ダイヤモンドに似ていないような性質の炭素膜もDLCと呼ばれ、使われている。

　従来、非晶質炭素を、sp^3結合成分（正四面体構造）とsp^2結合成分（平面構造）の割合により、DLCとGLC（graphite-like carbon；グラファイト状炭素）とに分けて呼んでいる。sp^3結合成分が優勢な方がDLC、sp^2結合成分が優勢な方がGLCである。さらに、軟質な非晶質炭素を、PLC（polymer-like carbon；ポリマー状炭素）または軟質炭素などと呼ぶこともある。しかし、これらの境界ははっきりと定められているわけではない。このため、**図8.1**に示すように、DLCという名称は、学術的にも、また商業的にも、かなり広い範囲で用いられている。

　DLCの作製は、1971年のAisenbergとChabotのイオンビーム蒸着をはじめとし、1970年代より盛んに行われるようになった。最近でもDLC関連の論文は増加している。このように、数多くのDLCが作製され、研究者によっては、相異なったイメージで捉えられていることもある。

　DLCを「ダイヤモンドのできそこない」と捉える見解もあるが、DLCは、ダイヤモンドとは違った、独自の優れた性質を示し、現在では工業的に、電子、機械、光学、化学、医療など各種分野において使用されている。DLCの性質をダイヤモンドと比較して**表8.1**に、特長と応用分野を**図8.2**に示す。DLCは、今後、より広範囲の分野で、大量に使用されることが期待されている材料である。

8.1 DLC膜

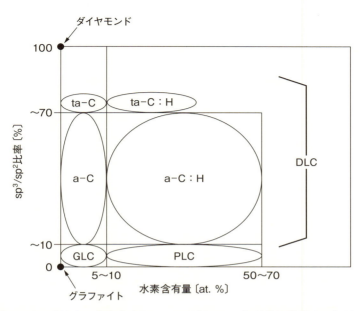

図8.1 sp³/sp²比率と水素含有量により分類された各種非晶質炭素の領域と名称

表8.1 典型的なDLCとダイヤモンドの性質の比較

	DLC	ダイヤモンド
結晶構造	非晶質	立方晶
結合形式	sp^3主体	sp^3
密度〔g/cm³〕	〜3	3.52
電気抵抗率〔Ω·cm〕	10^9〜10^{14}	10^{13}〜10^{16}
比誘電率	8〜12	5.6
光透過性	赤外光	紫外光〜赤外光
光学ギャップ〔eV〕	1〜2	5.5
屈折率	2.0〜2.8	2.41〜2.44
硬度〔GPa〕	10〜90	90〜100
水素含有量〔at.%〕	0〜40	0
モルフォロジー	非常に滑らか	凹凸

第 8 章 機能性薄膜

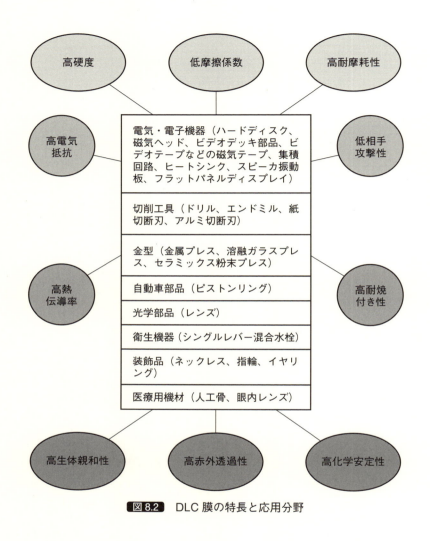

図 8.2 DLC 膜の特長と応用分野

　DLC は、基本的に炭素ネットワークからなる非晶質炭素であり、ダイヤモンドやグラファイトのような構造の決まった結晶性物質と異なっている。非晶質炭素は、炭素ネットワーク中の sp^3 結合成分と sp^2 結合成分の比率、添加元素の種類と添加量などを変えることにより、数多くの種類に分かれていく。このため、DLC についても、いろいろな種類が存在し、単一の物質のよ

うに、「これが DLC だ」と明確に言いにくい。

DLC の化学結合性、化学組成、硬質性などの観点から、DLC の意味する物質の範囲は広く、今までにいろいろな名称で、また表記法で記されてきた。a–C（水素含有量の少ない非晶質炭素）、a–C：H（水素を含んだ非晶質炭素）、ta–C（水素含有量の少ない、テトラヘドラル非晶質炭素）、ta–C：H（水素を含んだ、テトラヘドラル非晶質炭素）、i–C（または i-carbon；イオンプロセスにより作製した非晶質炭素）などは、よく用いられてきた。

歴史的な作製法の経緯から、水素を含んだ DLC が多く作製されている。このため、sp^3/sp^2 比率と水素含有量をパラメータとした場合、図 8.1 のように、上記名称を当てはめることができよう。

▶ 8.1.2　DLC の作製法

DLC は薄膜として作製され、使用される。硬質な DLC 膜には、通常数 GPa という大きな圧縮応力がある。このため、厚い膜が作製しにくい、基板への密着性に劣るといったことが、応用上問題になる場合がある。この圧縮応力の大きさは、作製法によっても異なる。異なった作製法により作製した、類似の硬度を示す DLC 膜が、類似した圧縮応力を示さないこともある。このように、作製法あるいは出発原料により、出来た DLC の性質は異なることが多い。すなわち、DLC の性質は、作製法に依存しているとも言える。今後、作製法と作製された DLC の性質の関連性を明らかにし、DLC の構造および組成と性質の関係をより明確にすることが必要である。

今までに使用されてきた、代表的な作製法を**表 8.2** に示す。使用する原料も記載した。DLC 膜作製においては、ダイヤモンド膜を作製する場合と類似した方法が用いられるが、DLC 膜作製は、ダイヤモンド膜作製の場合と比べ、

(1) 低温で作製できる（室温付近でも可能）
(2) 作製する基板（コーティングされる材料）の種類が多い（非耐熱性のプラスチックにもコーティング可能）
(3) 大面積に、また 3 次元的に複雑形状な基板に作製することが容易

など工業化に有利な点がある。

1971 年、Aisenberg と Chabot は、イオンビーム蒸着により DLC 膜を作製した。イオンを衝撃させることにより、基板温度を上げることなく、DLC 膜

表8.2 DLC 膜の作製法

方　法（方式）	出発原料
プラズマ CVD（直流、交流、高周波、マイクロ波、ECR、ヘリコン波）	CH_4、C_2H_2 などの炭化水素
アークイオンプレーティング（フィルタ形、シールド形）	グラファイト
電子励起式イオンプレーティング	C_4H_6 などの炭化水素
電子ビーム蒸着	グラファイト
イオンビーム蒸着	CH_4 などの炭化水素
スパッタリング（バランス形マグネトロン、アンバランス形マグネトロン、ECR）	グラファイト
レーザアブレーション	グラファイト
プラズマを基本としたイオン注入（PBII、PSII）	CH_4、C_2H_2 などの炭化水素

を作製することができた。1970年代後半からは、プラズマ CVD による DLC 膜の作製が盛んに研究されるようになった。

　一方、Weissmantel のグループは、炭化水素を原料として、プラズマを用いて分解し、プラズマ中のイオンを基板に対し加速することによって成膜を行い、DLC 膜を作製した。硬質な DLC 膜の作製には、イオン衝撃が重要なことから、彼らはイオンの i を用い、このプロセスで作製した DLC を、i-C と名付けた。

　1990年代になると、グラファイトを原料とした、スパッタリング、アークイオンプレーティング（カソーディック・アーク蒸着）などの方法が盛んになり、水素含有量の少ない DLC が多く作製されるようになった。最近では、プラズマを基本としたイオン注入（PBII：plasma-based ion implantation、または PSII：plasma source ion implantation）と組み合わせて、DLC 膜の作製が行われている。3次元複雑形状基材へ、密着性よく、均一に、DLC 膜を形成できる。

　表8.2 に示すように、各種作製法が用いられているが、今までに、炭化水

素系ガスを原料とするプラズマ CVD が多く使用されてきた。プラズマ CVD は、導入した反応ガスをプラズマ状態にし、活性なラジカルやイオンを生成させ、活性環境下で化学反応を行わせ、比較的低温で、基板上に薄膜を形成させる方法である。

使用するガス圧力は、およそ 1〜100 Pa である。用いるプラズマは、直流（DC）、交流（AC）、高周波（RF）、マイクロ波、電子サイクロトロン共鳴（ECR）、ヘリコン波などの各種放電により発生させられる。使用するプラズマの電子温度、電子密度（正イオン密度）、ラジカル密度などは、発生法、発生条件などに依存しており、これらのプラズマ状態が、作製される膜の性質に影響している。どのように影響しているかについては、現在、盛んに研究中である。近い将来、プラズマ状態と作製膜の性質の関係が明らかになることとが期待できる。

DLC 膜の作製によく用いられている、平行平板の内部電極による高周波容量結合励起方式のプラズマ CVD 装置の例を、**図 8.3** に示す。図 8.3 では、原料にメタン（CH_4）を用いており、この他に、水素、アルゴン、酸素が混合できるようになっている。窒素、有機金属系のガスなどを混合させること

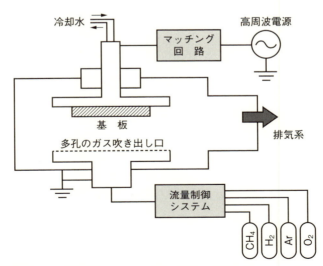

図 8.3 DLC 作製に用いられる平行平板形高周波プラズマ CVD 装置

もできる。高周波電源の周波数としては、13.56 MHz が多く用いられている。

図 8.3 において、基板は上部電極に固定されている。このため、基板には、負の自己バイアス電圧が掛かり、高周波電力に応じたイオン衝撃の効果が現れる。基板バイアスによるイオン衝撃は、膜の硬質化には欠かせない。硬質化の最適電圧は、使用するプラズマ状態によっている。下部電極は接地されており、この電極にあけた 50 個の小さな穴から、原料ガスは供給される。

原料ガスには、メタンと水素との混合ガスを用いている。ガス流量、メタン濃度、ガス圧力、高周波出力、基板温度が、成膜パラメータであり、これらを変化させて、成膜を行う。

この装置による場合、炭化水素系の原料ガスの種類は、DLC 膜の形成速度にのみ影響し、膜の性質には影響が少ないことがわかっている。イオン衝撃が、作製膜の性質を制御し、影響を与えている。イオン衝撃は、基板温度にも影響を与える。イオン衝撃が小さく、低電力で、比較的高いガス圧力下で作製した膜は、水素含有量の多い、軟らかな膜となる。高電力、低圧、大きなイオン衝撃下で作製した膜は、硬い、高電気抵抗の DLC 膜となる。さらに、より低圧下で、イオン衝撃と電力を増すと、低電気抵抗の GLC 膜になる。このように、イオン衝撃、投入電力、ガス圧力などが、DLC 膜の作製に大きな影響を与えている。このような成膜パラメータの影響は、いろいろな作製法に共通して見られる。

プラズマ CVD の場合、炭化水素系の原料ガスを、アセチレン（C_2H_2）、トルエン（C_7H_8）、ベンゼン（C_6H_6）などに変えることにより高速の膜形成が行える。

▶ 8.1.3 DLC の性質
（1）構造的性質

DLC の結晶構造は、X 線回折および電子回折的にはアモルファスである。sp^3 結合成分および sp^2 結合成分が、X 線回折において規則配列とみなすことのできないくらいの短距離秩序性を有する領域（マイクロドメイン）を形成している。より詳細な構造が、ラマン分光、電子エネルギー損失分光（EELS）、フーリエ変換赤外分光（FTIR）などを用いて調べられている。

通常用いられているラマン分光では、可視域のレーザを励起光としている。

この場合、レーザ光のエネルギーは π→π* 遷移に対応しており、共鳴ラマン効果により、sp^2 結合成分は、sp^3 結合成分の約 60 倍の強度を呈する。このため、sp^2、sp^3 結合成分がランダムにつながったネットワークからなる非晶質炭素の場合、sp^3 結合成分を直接検出することは難しい。しかし、以下で記すように、sp^3 結合成分の存在を間接的に知ることはできる。

アルゴンレーザ（514.5 nm）を励起光とした場合の、典型的な DLC 膜のラマン分光スペクトルを図 8.4 に示す。また、比較のため、高い内部応力のため破壊した後の微細粉のラマンスペクトルを同時に示す。sp^3 結合からなるダイヤモンドは、1,333 cm^{-1} に、sp^2 結合からなるグラファイトは、1,580

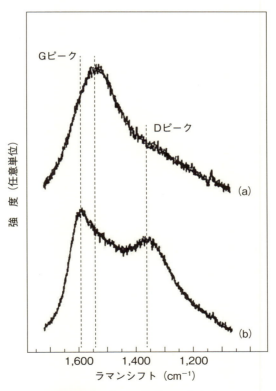

図 8.4　ラマン分光スペクトル
(a) DLC 膜、(b) 自然破壊し、粉々になった DLC

cm^{-1} にシャープなピークを示す。これに対し、DLC のスペクトルは、2 つのブロードなピークから成り立っている。

　この 2 つのピークの大きさ、面積比、位置、半値幅、ベースラインの傾きは、作製法、作製条件、膜厚、水素含有量などにより異なっており、膜の性質とも関連している。これらを詳細に解析することにより、膜の性質を判断でき、作製膜の品質管理に用いることができる。1,500 cm^{-1} 付近に現れるピークは、G ピーク（バンド）と呼ばれ、sp^2 結合成分に関連している。図 8.4 の破壊した微粉末のラマンスペクトルは GLC 膜のラマンスペクトルに類似している。この G ピークと同様に、GLC 膜の G ピークは、比較的明瞭に現れる。

　これに対し、DLC 膜の G ピークは、幅が広く、低波数側にシフトしている。これは、膜中に sp^3 炭素原子が存在していることに起因している。これより、sp^3 結合成分の存在がわかる。1,350 cm^{-1} 付近のピークは、D ピーク（バンド）と呼ばれ、GLC 膜の場合のような長距離秩序の損失ばかりでなく、sp^3 炭素原子と結合することによって生じるグラファイト層構造の結合角不整にも起因している。この D ピークは、ダイヤモンドに起因するピークではない。可視域でのラマン分光からは、膜中の sp^3/sp^2 比を評価することは難しい。

　この可視域でのラマン分光に対し、紫外励起レーザを用いたラマン分光（UV ラマン分光）が登場し、sp^3 結合成分の存在比が評価されている。紫外励起レーザを用いる理由は、sp^3 結合成分の情報を得るには、σ→σ*遷移を励起する 5 eV 以上のエネルギーの光が必要なためである。UV ラマン分光では、DLC 膜は、1,650 cm^{-1} 付近と 1,150 cm^{-1} 付近の 2 つのブロードなピークを示す。1,650 cm^{-1} 付近のピークが sp^2 結合成分に、1,150 cm^{-1} 付近のピークが sp^3 結合成分によっている。これらのピークの強度比およびピーク位置より、sp^3 結合成分に関する情報を直接得ることができる。

（2）機械的性質
　①硬度
　DLC 膜の硬度は、内部の sp^3/sp^2 比および水素含有量に依存している。「硬度」自身は、いまだ物理量として的確に定義できておらず、測定法によって異なってくる。特に、薄膜の硬度測定においては、膜の厚さ、圧子の押し込み深さ、基板の硬度など、関与する因子が多い。このため、発表されたデー

タについて、どのような測定法を用いたか、またどのような測定条件で行ったかを、注意する必要がある。

ナノインデンテーション法によると、DLC膜の硬さは、作製法、作製条件などによって異なり、数GPaから約90 GPaの広い範囲にある。ダイヤモンドの硬さは、90〜100 GPa、グラファイトは約4 GPaである。このため、ダイヤモンドに近い硬さからグラファイトに近い硬さまで、自在に変化させることが可能である。

DLCの硬度には、基板バイアスが大きな影響を与えている。アルゴンプラズマを用い、シールド形アークイオンプレーティングにより作製した水素を含まないa–C：Ar膜（膜厚：150 nm）のナノ硬度の直流基板バイアス電圧依存性を図8.5に示す。同図より、硬度は基板バイアスとともに上昇し、−100 Vのときに、最大値35 GPaとなる。この後、バイアス電圧の絶対値が大きくなるにつれ、硬度は減少し、グラファイトの硬度に近づく。非晶質炭素膜の硬質化にはイオン衝撃が必要であり、イオン衝撃により、膜中のsp^3結合成分が増加する。

このイオン衝撃では、イオン径の大きなイオンの方がより効果的であり、より小さなバイアス電圧で最大値を取る。過剰のイオン衝撃は、成長膜表面

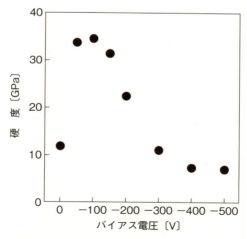

図8.5 DLC膜の硬度と基板バイアス電圧の関係

に過剰なエネルギーを与え、表面温度を上昇させ、sp^3 結合成分の形成より、sp^2 結合成分の形成を大きくし、膜のグラファイト化が進行する。このため、バイアス電圧が大きくなると、硬度は減少する。これに伴い、ある作製条件において、最大硬度を得るには、バイアス電圧に最適値が存在することになる。

　DLC 膜の硬度に対する水素含有の影響を述べる。水素が含有されると、炭素原子間で共有結合する個所を水素原子が終端してしまう。このため、共有結合分が少なくなり、水素含有量の増加とともに、膜の硬度は低下する。さらに、水素終端が増加すると、軟らかい有機膜になる。このため、水素を含まない DLC 膜の方がより硬質となる。

②潤滑性

　DLC 膜は、基本的に、硬質カーボン成分（sp^3 結合成分）と軟質グラファイト成分（sp^2 結合成分）とが混成されてできている。この混成の程度は、作製法および作製条件によって異なる。一般的に、DLC 膜がどのような方法・条件で作製されても、ダイヤモンド膜より平滑であり、低い摩擦係数を有している。このため、DLC 膜は潤滑性に優れている。ピン・オン・ディスク試験で求めた DLC 膜の摩擦係数は、温度、雰囲気、速度などに依存するが、0.25 以下であり、0.1 以下も可能である。また、真空中、潤滑油中でも、低い値を示す。DLC では、硬質カーボン成分が荷重を支え、軟質グラファイト成分が優れた潤滑性を発揮している。このため、DLC は硬質性と潤滑性を同時に示す、優れた耐摩耗材料と言える。また、この優れた潤滑性から、肌触りがよく、装飾品のコーティングにも使用されている。

③内部応力

　通常、DLC 膜には、数 GPa という大きな圧縮応力が残留している。このため、作製後、粉々に破壊することがある。破壊した微細粉のラマンスペクトルを図 8.4 に与えている。破壊していない DLC 膜のスペクトルと比べると、G ピークがより鋭くなり、位置が 1,590 cm^{-1} までシフトしている。この位置は、グラファイトのピーク位置とほぼ一致する。また、1,360 cm^{-1} の D ピークは、強度が高くなり、顕著なピークになっている。この D ピーク状態は、グラファイト構造の長距離秩序の損失を表している。DLC 膜は、粉々に破壊して圧縮応力を緩和することにより、炭素原子間の結合角が変化し、グラフ

ァイト的な構造の粉になる。

バイアス電圧を変えてDLC膜を作製した場合、膜硬度と圧縮応力とは、同様な関係を示す。膜内部に残留する圧縮応力が、膜の硬質化の一因となっている。一方、大きな圧縮応力のため、膜の厚さを大きくすることが難しく、また基板との密着性が低下する原因になっている。この圧縮応力の起源は、今のところよくわかっていない。圧縮応力には、また、破壊の原因となる亀裂の開口や進展を阻止する働きがあるため、耐摩耗性の向上に役立っている。

④密着性

DLC膜の基板への密着性は、基板材料にもよるが、一般に低いとされている。密着性は応用上重要であり、この向上に向け、研究がなされてきた。

密着性の改善には、下記の3種類の方法により検討が行われている。

1) 膜／基板間への中間層の挿入（多層構造の作製）

DLC膜は超硬合金WC-Coなどの炭化物系材料には密着性がよい。このため、密着性の低い鉄系材料および非鉄系材料に、あらかじめ溶射により炭化物系超硬層を形成し、その上にDLC膜を作製することで、密着性が向上する。また、鉄系材料に、スパッタリングなどによりWC層をあらかじめ形成することにより、DLC膜の密着性が改善できる。特に、W-C系の傾斜組成構造を用いることは、高い密着性を得るのに有効である。ステンレス基板の場合、二酸化シリコン層や炭化シリコン層を形成することで密着性が向上する。これは、DLC膜がシリコン基板に密着性よく形成できることを応用している。

2) 基板表面の前処理

鉄系材料では、プラズマ窒化、イオン窒化、プラズマ浸炭などの前処理を行うことも、密着性向上に有効である。さらに、イオン注入により、炭素に富んだ層を形成することも有効である。イオン注入は高価な方法のため、通常のプラズマを用いたPVDおよびCVDにおいては、成膜初期に負バイアス電圧を大きくし、炭素イオンの注入を大きくすることが効果的である。PBII (PSII) では、3次元イオン注入効果により、密着性の高いDLC膜形成が行える。

3) 膜中への第3元素の添加

密着性の改善には、DLC膜中へのシリコン添加、シリコン・酸素共添加な

どが有効である。
(3) 電気的性質
①電気伝導率（電気伝導度、導電率）

非晶質炭素の室温での電気伝導率は、作製法・作製条件によって変化し、$1 \sim 10^{-16} \, \Omega^{-1} \, cm^{-1}$ まで、15桁にわたる幅広い測定値が得られている。膜中のsp^{3}結合成分とsp^{2}結合成分の割合により、このような大きな変化を示す。典型的なDLC膜は電気抵抗が高く、$10^8 \sim 10^{10} \, \Omega \cdot cm$ である。金、銀など金属元素を添加することにより、$10^4 \, \Omega \cdot cm$ 位まで低下し、6桁にわたり電気抵抗率を制御することができる（この場合、硬度も変化する）。

DLC膜は、半導体デバイス用の保護膜、層間絶縁膜として応用が期待されている。また、低誘電率材料としてフッ素添加アモルファスカーボン膜が検討されているが、この膜と組み合わせによるDLC膜の利用も行われている。

②電子放出

フラットパネルディスプレイの一種に、電界電子放出を利用したディスプレイがある。この電子放出源として、いろいろな材料が検討されている。炭素系材料としては、ダイヤモンド、フラーレン、カーボンナノチューブなどが研究されているが、DLCも優れた電子放出性を示す。高効率電子放出、低電圧動作、高耐電圧性、化学的安定性などが特長である。DLC膜では、平面の放出源が形成でき、大面積化、低温形成、低コスト化において優れていると考えられる。実用化には高効率化が課題である。

(4) 光学的性質

作製法および膜厚によるが、通常DLC膜は、黒色ないし褐色を示す。赤外域から可視域にわたり、高い光透過性を示し、吸収端波長は200 nm以下である。典型的なDLC膜の可視域での屈折率は約2.0、光学的バンドギャップは約1.3 eVである。これらの値は、硬度、電気伝導率と同様に、作製法・作製条件に依存しており、大幅に変化する。

DLC膜の特長として、赤外域での透過率が高いことが挙げられる。このため、赤外域での反射防止膜として応用されている。また、硬質性と兼ね合わせ、レンズや窓への応用も考えられている。低温形成ができることから、特に、耐擦傷性に劣るプラスチック製品へのコーティングに適している。

一方、DLCの無色化の取り組みも行われている。平行平板形高周波プラズ

8.1 DLC 膜

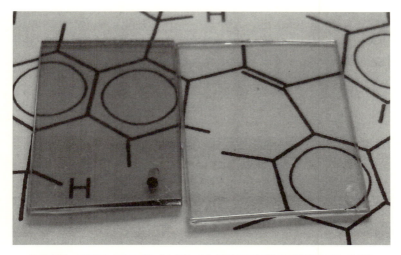

図 8.6 透明な DLC 膜（右側）（左側は同じ膜厚の既存の DLC 膜）

マCVDにおいて、メタンと水素混合気体を用い、高周波出力を抑え、水素供給を増やすことにより、成膜速度を抑え、透明化することができた。透過率と硬度とはトレードオフの関係にあるが、成膜条件を調整することにより、透過率 80 % 以上で、ガラス並みの硬度約 6 GPa の DLC 膜を形成できた。この DLC 膜の写真を**図 8.6** に示す。

透明な DLC 膜は、透明なプラスチックへの応用が可能で、PET ボトル、プラスチック製のレンズ、フィルム、ウィンドウ、サングラス、等々に応用が期待できる。

（5）熱的性質

DLC 膜は、アモルファス構造のため、温度を上げることにより、グラファイト的構造に移行する。通常、低温での性質が変化する温度は、およそ 300 ℃である。このため、DLC 膜は、高温での使用には適していない。熱伝導率は、ダイヤモンドに比べると小さいが、高い値を示す。このため、ヒートシンクへの応用が検討されている。

（6）化学的性質

各種酸およびアルカリ溶液中で安定であり、耐食性に優れている。軟質金属（アルミニウム、銅など）に焼き付かない。酸素、水蒸気などのガスに対

するバリア性が高く、ペットボトルなどへのDLCコーティングが使われている。ビールの貯蔵容器として、DLCコートPETボトルも開発されている。また、電池用電極材料や生体材料としても期待されている。

(7) DLCの特性に及ぼす添加元素の影響

①水素

炭化水素系原料を用いた作製法では、水素が含有されたDLC膜が形成する。このため、水素含有量と各種性質の関係は、よく研究されている。水素に関する分析は、弾性反跳粒子検出分析（ERDA）、2次イオン質量分析（SIMS）、プラズマ固体発光分析（GD-OES）、FTIRなどにより行われている。今まで述べてきたが、水素を多量に含有することにより、軟質化が進む。このため、硬質なDLC膜作製には、水素含有量を減少させることが重要である。

②窒素

1998年、LiuとCohenにより、仮想物質β-C_3N_4の体積弾性率が理論計算され、ダイヤモンドに匹敵する値であることが予測された。この計算以降、窒化炭素に関する作製が盛んに行われている。現在まで多く作製された窒化炭素膜は、非晶質構造であり、窒素を数～35 at.％含有した膜（a-C：N膜）である。窒素濃度にもよるが、硬度は比較的大きく、耐摩耗性に優れている。窒素含有により電気抵抗は低下する。

③金属類

DLC膜への金属添加は、圧縮応力を下げること、摩擦係数を下げること、また電気伝導率を上げることを目的として行われてきた。Al、Ni.Cr、W、Si、Mo、Ti、Feなど各種金属が添加され、その性質変化が検討されている。また、金属ではないが、Fを添加し、はっ水性、はつ油性に優れたDLCも作製されている。

8.2 透明導電膜

　透明導電膜は、可視域で透明であり、かつ導電性がある薄膜である。その材料としては、ITO（酸化インジウムスズ）を中心とする金属酸化物が広く使用されている。透明導電膜の応用は、液晶ディスプレイ（LCD）をはじめとするフラットパネルディスプレイ、太陽電池、透明ヒータをはじめ広範囲となっている。透明導電膜につき、定義、応用、種類、性質、作製法、課題などを述べよう。

▶ 8.2.1　透明導電膜の定義

　透明導電膜は、(1) 可視域（およそ 380〜780 nm の波長領域）での光透過度が大きく透明で、かつ、(2) 電気伝導度の大きな薄膜である。具体的な数値で述べると、光透過率が約 80 % 以上で、電気抵抗率（比抵抗）が約 1×10^{-3} $\Omega\cdot cm$（$1\,\Omega\cdot cm = 10^{-2}\,\Omega\cdot m$）以下の薄膜が透明導電膜と言えよう。

　一般に、透明であることは、エネルギーギャップが大きく（約 3 eV 以上）、伝導電子が少ないことを意味する。一方、電気伝導度の大きな材料は、通常伝導電子が多く（約 $1\times10^{19}\,cm^{-3}$ 以上）、金属的な振る舞いをし、透明ではなくなる。この一見矛盾するような 2 つの条件を同時に満足する材料が、透明導電膜に用いられている。この材料としては、初期には、ネサ膜と呼ばれた SnO_2 膜を、最近では Sn をドープした In_2O_3（ITO；indium tin oxide；酸化インジウムスズ）膜を中心として開発が進められてきた。

　透明導電膜は、現在、液晶ディスプレイ（LCD）をはじめとするフラットパネルディスプレイ、太陽電池、透明ヒータをはじめ、多くの分野で用いられている。私達の身の回りの製品に、それこそ目には見えないが大変多く使われている。その使用量は、面積的にドライプロセス表面処理の中で最大と言えよう。この使用量は急速に増大しており、また求められる性能はより高度になっている。

▶ 8.2.2 透明導電膜の応用

透明導電膜は、**表8.3**に示すように、大別して電気的応用と光学的応用の2分野で用いられている。目的によって異なるが、基板にはガラスが最も多く使用されており、プラチックフィルムなども使用される。デバイスの軽量化のため、基板となるガラスの厚さも薄くなっている。今後、より軽量化のために、プラスチックも多く用いられよう。

電気的応用では、透明電極として最も多く使われている。現在、液晶ディスプレイ（LCD）、有機EL（エレクトロルミネッセンス）ディスプレイ（OELD）、プラズマディスプレイなどのフラットパネルディスプレイおよび

表8.3 透明導電膜の応用

電気的応用		
透明電極	面発熱	帯電防止、静電・電磁波遮へい
ディスプレイ 　液晶、エレクトロルミネセント、エレクトロクロミック、プラズマ 調光デバイス 　液晶、エレクトロクロミック 太陽電池 　単結晶シリコン、アモルファスシリコン 光スイッチ タッチパネル 撮像デバイス	防曇防霜用ヒータ 　自動車、電車、航空機、ショーケース、カメラレンズ、スキーめがね 暖房用パネルヒータ 調理用加熱板	メータ指示窓 計測器窓 電子顕微鏡窓 ブラウン管表示面 半導体デバイス包装袋 電気製品ケース
光学的応用		
熱線遮へい、省エネルギー		選択透過
建物窓 　炉、オーブンのぞき窓 　照明灯外管 　　低圧ナトリウムランプ 　　白熱ランプ		太陽集熱器 　平板形カバーガラス 　集光形外管

タッチパネル、太陽電池、液晶あるいはエレクトロクロミック（EC）調光デバイスなどをはじめ、幅広い分野で用いられている。透明導電膜についての要求は、各種デバイスにより異なっている。

LCD、OELD においては、高品質化、大画面化に伴い、透明導電膜の低抵抗化、微細加工化、成膜温度の低温化、大面積成膜が進行している。

現在、LCD 用などには、シート抵抗（面積抵抗；正方形の薄膜の一辺に平行な方向の抵抗）で $10\,\Omega/\square$ 以下の低抵抗の膜から $200\sim800\,\Omega/\square$ の高抵抗の膜まで用途に応じて作製されているが、より低抵抗な膜が要求されている。

膜の電気抵抗率 ρ（$\Omega\cdot\mathrm{cm}$）、シート抵抗 E（$\Omega/\square$）および膜厚 d（nm）の間には

$$\rho = R \cdot d \times 10^{-7}$$

の関係がある。このため、同じ抵抗率の材料の膜でも、膜厚が大きくなれば、そのシート抵抗は減少する。しかし、図 8.7 に示すように光透過率には、干渉効果から膜厚により極小と極大が存在する。このため、低シート抵抗で 85

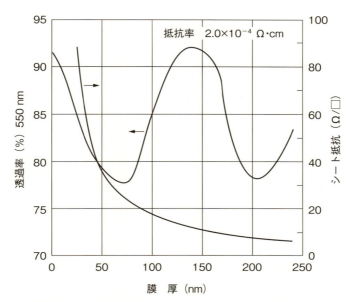

図 8.7 ITO 膜（抵抗率 $2.0\times10^{-4}\,\Omega\cdot\mathrm{cm}$）の 550 nm における透過率とシート抵抗の膜厚依存性

％以上の高透過率を得るためには、抵抗率に応じた最適の膜厚が存在し、透過率の膜厚依存性を考慮することが必要である。

一方、各種太陽電池においては、耐久性が要求されている。

光学的応用については、可視域での高透過特性とともに、高濃度の伝導電子による赤外域での高反射特性を利用している。透明導電膜のコーティングは太陽エネルギーの有効利用、省エネルギーなどの観点からも重要な技術となっている。

▶ 8.2.3 透明導電膜の種類および性質

透明導電膜材料としては、**表 8.4** に示すように、金属系、酸化物半導体系を主として種々の材料が開発されてきた。金属は膜厚を 20 nm 以下にすると、吸収率と反射率が低下し、透過率が大きくなる。このため金属薄膜を透明導電膜としても用いることができる。この場合、用いられる膜厚はおよそ 3〜15 nm である。

この薄さのためと透過率を上げるために、一般的には透明誘電体膜で挟んだ、下地膜／金属膜／上層膜の3層構造の膜が使用された（例：$Bi_2O_3/Au/Bi_2O_3$、$TiO_2/Ag/TiO_2$）。ただし、耐久性はあまり良くない。金属膜と同様に、電気伝導性の窒化膜やホウ化膜も使用できる。この場合も、透過率を上げるためには3層構造で使われた（例：$TiO_2/TiN/TiO_2$、$ZrO_2/ZrN/ZrO_2$）。この耐久性は高い。金属膜などの材料は、特殊な用途（例：磁気シールド）以外あま

表8.4 透明導電膜材料

種類	薄膜材料
金属薄膜	Au、Ag、Pt、Cu、Rh、Pd、Al、Cr
酸化物半導体薄膜	In_2O_3、SnO_2、ZnO、CdO、TiO_2、$CdIn_2O_4$、Cd_2SnO_4、Zn_2SnO_4、セメント系酸化物
導電性窒化物薄膜	TiN、ZrN、HfN
導電性ホウ化物薄膜	LaB_6
炭素材薄膜	CNT、グラフェン

り用いられていない。

一般に使用されているのはITOを中心とする透明酸化物半導体膜である。酸化物半導体膜は高透過率、高耐久性のため広く用いられるようになった。今までに、ITO、SbをドープしたSnO$_2$（ATO）、FをドープしたSnO$_2$（FTO）、AlをドープしたZnO（AZO）が使われてきた。現在、ディスプレイ関係では、ITOがほとんどである。In$_2$O$_3$は**図8.8**に示すC型三二酸化物の結晶構造を示し、In原子には2種類の結晶学的に非等価な位置がある。SnO$_2$は**図8.9**に示すルチル構造であり、ZnOは**図8.10**に示す六方晶系のウルツ鉱型の結晶構造である。通常、薄膜は多結晶構造で用いられる。

透明導電膜に使用する酸化物半導体は、化学量論組成からのずれによる酸素空孔などの真性欠陥がドナー準位を形成し、n形の導電性を示す。この半導体では、フェルミ準位が伝導帯に入り込み、縮退しており、伝導電子濃度

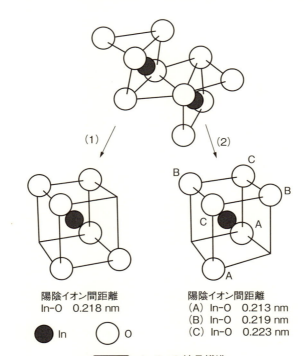

陽陰イオン間距離
In-O　0.218 nm

● In　　○ O

陽陰イオン間距離
(A) In-O　0.213 nm
(B) In-O　0.219 nm
(C) In-O　0.223 nm

図8.8　In$_2$O$_3$の結晶構造
(1)と(2)に示されるような結晶学的に非等価な2つのIn位置がある。

第8章　機能性薄膜

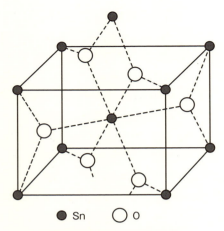

● Sn　　○ O

図 8.9　SnO_2 の結晶構造
$a=0.474$ nm、$c=0.319$ nm
c 軸方向に Sn が鎖状につながっている。

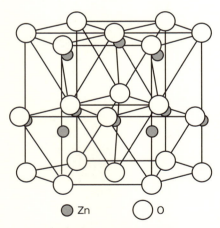

● Zn　　○ O

図 8.10　ZnO の結晶構造
$a=0.3243$ nm、$c=0.5195$ nm

は 10^{18}〜10^{19} cm^{-3} と大きく、このため、抵抗率が 10^{-1}〜10^{-3} Ω·cm の高伝導度となる。一方、この半導体のバンドギャップは3 eV 以上であり、バンド間遷移による吸収は 350〜450 nm 以下の紫外域で生じる。また伝導電子濃度は

金属のより 3〜4 桁小さいため、伝導電子による反射、吸収は長波長側にシフトし、1〜2 μm 以上の近赤外域で生じる。こうして、およそ 350 nm〜1 μm の可視域において、光透過度は大きくなる。さらに、不純物を適切に添加することにより、伝導電子濃度は 10^{20}〜10^{21} cm^{-3} に増加し、抵抗率は 10^{-3}〜10^{-5} Ω·cm に低下する。このため、酸化物半導体薄膜では、各種元素をドープして、その性質が調べられている。

In_2O_3 の場合の Sn ドーピングの影響を図 8.11 に示す。同図では SnO_2 を約 5 wt % 添加すると、抵抗率は極小になる。現在、SnO_2 をおよそ 5〜10 wt % 添加した原料が ITO 膜の作製に用いられている。酸素空孔や Sn などによる準位は確定していないが、ITO のエネルギー帯モデルについては、図 8.12 のように考えられている。

高 Sn ドープでは、ドナーは帯を呈し、伝導帯に食い込み、フェルミ準位は伝導帯に入った縮退状態になっている。このため、図 8.13 に示すように、ITO 膜の電気特性の温度依存性はほとんど認められない。ITO 膜の光学特性は、Sn ドープ量により図 8.14 のように変化する。紫外域では、価電子帯にある電子の伝導帯への遷移によって大きな吸収が生じている。可視域では、

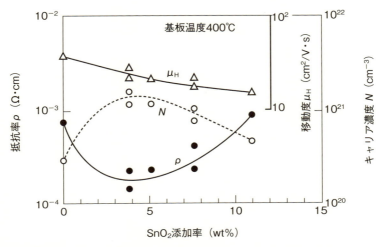

図 8.11 In_2O_3 と SnO_2 の 2 元蒸着法による ITO 膜の電気特性に及ぼす SnO_2 添加率の影響

第8章 機能性薄膜

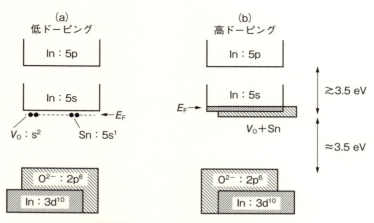

図 8.12 ITO のエネルギー帯モデル
(a) 低ドープの場合は酸素空孔 V_O とスズドナー Sn の 2 つが寄与しており、フェルミ準位は伝導帯の下約 0.03 eV にある。
(b) 高ドープではドナーは帯を呈し、伝導帯に食い込んでいる。

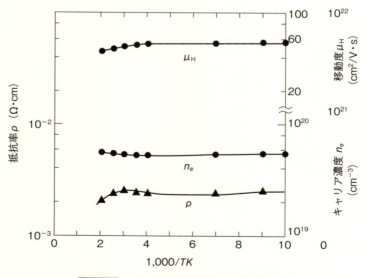

図 8.13 ITO 膜の電気特性の温度依存性

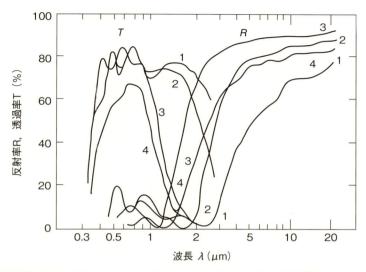

図 8.14 In$_2$O$_3$ 膜と Sn をドープした In$_2$O$_3$（ITO）膜の分光透過率と反射率
1. In$_2$O$_3$：N=1.2×10^{20} cm^{-1}、μ=50 cm^2/Vs、d=340 nm
2. 1 wt % SnO$_2$ ドープ：N=2.3×10^{20} cm^{-1}、μ=55 cm^2/Vs、d=340 nm
3. 5 wt % SnO$_2$ ドープ：N=8.1×10^{20} cm^{-1}、μ=37 cm^2/Vs、d=300 nm
4. 10 wt % SnO$_2$ ドープ：N=6.4×10^{20} cm^{-1}、μ=15 cm^2/Vs、d=390 nm

ほとんど透明である。

　薄膜の基板との干渉効果により、透過率、反射率は、膜厚によって変化する。キャリア濃度の大きな試料では赤外域での反射率が大きく、約 1 μm 付近より反射率は立ち上がっている。キャリア濃度が小さくなるにつれ、赤外域での反射率は減少し、立ち上がり波長も長波長側に移動している。このことは、金属薄膜と同様にプラズマ振動によって説明される。

　Sn ドーピングの機構については明らかではないが、In^{3+} の位置に Sn^{4+} が入り、Sn が電子を 1 個放出し、ドナー準位を形成するか、または Sn が In$_2$O$_3$ の格子間に入り、ドナー準位を形成すると考えられている。多結晶体のため、Sn の結晶粒界への偏析も起きる。この偏析を減らすことにより、粒界散乱を減少し、移動度を増加させ、抵抗率を低下させることができる。

　SnO$_2$ の場合は、Sb、F などがドーパントとして用いられている。この場合、Sb を単独で用いるより、F を共存する形で使用した方が、より低抵抗になる。

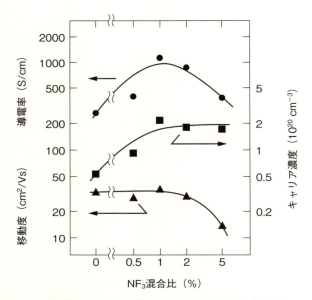

図 8.15 ZnO 膜（膜厚 200 nm）の電気特性の反応ガス混合比（NF$_3$/O$_2$）依存性

Sb は Sn の位置に、F は O の位置に入り、ドナー準位を形成すると考えられている。ZnO の場合は、Al、In、Si、F などがドーパントである。

　反応性イオンプレーティングにより ZnO 膜を成膜した場合、O$_2$ に NF$_3$ を混合して、F をドープしたときの電気特性の測定結果を**図 8.15**に示す。反応ガスとして O$_2$ に NF$_3$ を約 1 ％添加すると、抵抗率は極小となった。ITO は公害を起こす可能性が少なく、最も高特性の材料であるが、In の価格や資源的な面で、また化学的安定性の点で問題がある。これに対し、SnO$_2$ や ZnO については、現時点では電気的特性では劣っているが、価格、資源、公害性、化学的安定性では優れた点がある。

▶ 8.2.4　透明導電膜の作製法

　透明導電膜の作製法としては、**表 8.5** に示す化学的方法、物理的方法の各種手法が使用されてきた。作製材料、使用目的により使われる方法は選択される。

　化学的方法は、通常大気圧下で可能であり、装置費用が安く、大面積基板

にも高速で成膜できる。しかし、膜厚の均一性に劣り、抵抗率も物理的方法の場合と比べ高い場合が多い。スプレー法では、約 400 ℃に加熱したガラス基板上で、$InCl_3$、$SnCl_4$ などを加水分解させたり、または $In(C_5H_7O_2)$ などを熱分解させて成膜する。ゾル-ゲル法などの塗布法は簡便で安価な方法である。CVD では、$Sn(CH_3)_4$ をはじめ、いろいろな原料が用いられ、減圧下あるいは大気圧下で行われる。膜質および膜厚の均一性に優れた成膜が行えるため、大面積化に適している。

物理的方法は、真空装置を用いて行われ、一般に装置費用が高いが、膜質と膜厚の均一性に優れた、高品質の成膜が行える。**表 8.6** に各種透明導電膜の方法別による作製例を示す。ITO 膜では、10^{-5} $\Omega \cdot cm$ 台の試料も作製されている。これらの試料において、キャリア濃度（電子濃度）は、およそ $9 \times 10^{18} \sim 2 \times 10^{21}$ cm^{-3}、移動度はおよそ $10 \sim 75$ cm^2/Vs、透過率は約 85 %以上である。抵抗率は、キャリア濃度と移動度の積に反比例している。

作製条件を変化させ成膜を行い、作製膜のキャリア濃度と移動度を求めることにより、キャリア濃度の増大または移動度の増加により低抵抗率化が計れたかがわかる。抵抗率、キャリア濃度および移動度の測定は、最も基礎的な電気的計測である。一方、近紫外域から近赤外域にかけての透過率の測定は、最も基礎的な光学的計測となっている。ITO 膜作製では、現在はマグネトロン方式のスパッタリングが多く使用されている。スパッタリングの場合、

表 8.5 透明導電膜作製法

種　類	方　法	細　目
化学的方法	スプレー	
	塗布	ディップ、スピンナ、バーコート
	CVD	熱 CVD、プラズマ CVD、MOCVD
物理的方法	真空蒸着法	抵抗加熱蒸発、EB 蒸発
	イオンプレーティング	ARE、RF、マイクロ波、HCD
	スパッタリング	RF2 極、DC マグネトロン、RF マグネトロン、ECR、対向ターゲット

表 8.6 透明導電膜の報告例

膜	成膜方法	原料	成膜温度（℃）	抵抗率（Ω·cm）
In_2O_3	蒸着	酸化物	350	2×10^{-4}
In_2O_3	ARE	—	< 70	4×10^{-4}
ITO	スプレー	塩化物	500	2×10^{-4}
ITO	スプレー	塩化物	450	2.66×10^{-4}
ITO	スプレー	塩化物	450	2×10^{-4}
ITO	蒸着（抵抗加熱）	金属	300	1.8×10^{-4}
ITO	蒸着（抵抗加熱）	酸化物	400	7.13×10^{-5}
ITO	蒸着（EB）	酸化物	>300	2×10^{-4}
ITO	ARE	金属	630	7×10^{-5}
ITO	ARE	酸化物	200–350	1×10^{-4}
ITO	RF スパッタ	酸化物	450	3×10^{-4}
ITO	RF スパッタ	酸化物	500（アニール）	1.36×10^{-4}
ITO	RF スパッタ（マグネトロン）	酸化物	370	6.8×10^{-5}
ITO	RF 外部磁場スパッタ	酸化物	加熱なし	2×10^{-4}
ITO	DC スパッタ（マグネトロン）	金属	170（アニール）	1.8×10^{-4}
ITO	DC スパッタ（マグネトロン）	酸化物	400	1×10^{-4}
ITO	DC スパッタ（マグネトロン）	酸化物	400	1.4×10^{-4}
ITO	DC スパッタ（マグネトロン）	酸化物	460	1.15×10^{-4}
ITO	DC スパッタ（対向カソード）	酸化物	< 80	2×10^{-4}
SnO_2	CVD	塩化物	400	4.4×10^{-3}
SnO_2	蒸着	酸化物	550（アニール）	7.5×10^{-4}
SnO_2	RF スパッタ（マグネトロン）	酸化物	< 90	1.9×10^{-3}
$SnO_2(Sb)$	スプレー	塩化物	600	8×10^{4}
$SnO_2(Sb)$	ARE	金属	350	8×10^{-5}
$SnO_2(Sb)$	RF スパッタ（マグネトロン）	酸化物	400	$2\sim3\times10^{-3}$
$SnO_2(F)$	スプレー	塩化物/NH_4F	400	5.5×10^{-4}
$SnO_2(F)$	CVD	塩化物/CH_3CHF_2	520	3.2×10^{-4}
$SnO_2(F)$	CVD	塩化物/NH_4F	420	3.76×10^{-4}
ZnO	RF スパッタ（外部磁界）	酸化物	加熱なし	5×10^{-4}
ZnO(In)	スプレー	酢酸塩/$InCl_3$	375	$8\sim9\times10^{-4}$
ZnO(Al)	RF スパッタ（外部磁界）	酸化物	加熱なし	2×10^{-4}
ZnO(Al)	RF スパッタ（マグネトロン）	金属	100	5×10^{-4}
ZnO(Si)	RF スパッタ（外部磁界）	酸化物	加熱なし	3.8×10^{-4}
$CdIn_2O_4$	スプレー	酢酸塩	480	3.7×10^{-4}
Cd_2SnO_4	DC スパッタ	金属	—	4×10^{-4}
Cd_2SnO_4	RF スパッタ	酸化物	—	4.8×10^{-4}

原料には金属と酸化物とが目的に応じて用いられてきた。金属を原料にした場合は、反応性の方法を用いる。現在では、再現性や制御性が良好な点から、工場においては酸化物が用いられることが多い。およそ5〜10 wt %のSnO$_2$を含むIn$_2$O$_3$の混合焼結体を原料にしている。

従来のスパッタリング用酸化物ターゲットでは、長時間使用により表面に突起物（ノジュール）が発生し、黒化する。この黒化層により、膜質は低下するため、除去（クリーニング）が必要である。この黒化減少のため、また低抵抗化のため、現在ターゲットの作製においては、高密度化が進められている。抵抗率はある程度成膜中の基板温度に依存しており、基板温度が高めの方が抵抗率は低下する。

しかし、成膜法によっては比較的基板温度が低くても（例：100 ℃）10 Ω/□台の膜が得られ、プラスチックの板やフィルム上へのコーティングがなされている。カラーLCDにおいては、プラスチックのカラーフィルタ上に成膜するため、約200 ℃以下の成膜温度が要求されている。また、駆動に薄膜トランジスタ（TFT）を使用するため、やはり低温での成膜が必要である。このため、RFイオンプレーティング法の使用、高密度プラズマアシスト蒸着法の開発あるいは低損傷の低スパッタ電圧スパッタリング法の開発やH$_2$O、H$_2$などの添加ガスによる制御法が研究されている。

▶ 8.2.5 透明導電膜開発の課題

LCDの高品位化、カラー化、大型化や薄膜トランジスタ（TFT）の駆動、あるいは太陽電池のエネルギー変換効率向上などに伴い、透明導電膜への要求はより厳しくなり、一般的に以下の条件を満たす材料が求められている。
(1) より低抵抗である。
(2) より高透過度である。
(3) 成膜温度はより室温に近い。
(4) 高精度低ダメージエッチングが可能である。
(5) 熱安定性に優れている。
(6) 耐湿性、耐アルカリ性に優れている。
(7) 硬度に優れている。
(8) ピンホールフリーである。

(9) 表面形状に優れている。
(10) 基板への付着性に優れている。
(11) 大面積に均一に作製できる。
(12) 低価格である。

　ITO膜のLCD用電極パターン形成は、通常加温した塩酸系あるいは塩化第二鉄系のエッチング液を用いて行われる。このウェットエッチングの機構についても理解を深める必要がある。高精度化に伴い、ドライエッチングについても活発な研究が求められている。基本的に、透明導電膜に用いられる酸化物系半導体は、多結晶の化合物半導体であり、かつ縮退した半導体である。これらの点は、集積回路に用いられている単結晶シリコンと大きく異なっている。単結晶シリコンは、不純物濃度をはじめ、現在最も精密に制御された固体である。

　これに対し、ITOなどでは化学量論組成とずれている。ここでは、酸素空孔などの格子欠陥を利用しており、その制御は不十分である。酸素空孔、不純物などの格子欠陥についての理解も足りない。また、多結晶薄膜のため、結晶粒および結晶粒界の制御が重要である。結晶粒の大きさ、配向性、形状や結晶粒界での不純物偏析などの制御を詳細になすことが必要であろう。さらに、縮退半導体についての理解も深めたい。このように、基礎的物性に関する研究が、より深く、実用上の研究とともになされることが今後の課題である。

　現在LCDなどに用いられる基板は一般にガラス板であるが、将来用としてポリカーボネートなどのプラスチック板やさらにポリエチレンテレフタレート（PET）などのプラスチックフィルムの使用が検討されている。今後、より高品質の透明導電膜の開発に向けて、ITO膜を中心に、作製法の改良あるいは新作製法の開発、添加元素の検討などが更になされるであろう。低価格の材料としてはZnOが注目される。新材料としては、多元系の酸化物系化合物（例：$(Cd, Zn)SnO_2$）、新しい酸化物（例：WやVの酸化物）、新しい窒化物（例：GaN、InN）に期待している．カーボンナノチューブ（CNT）、グラフェン、セメント系材料など思いがけない材料が透明導電膜にも使われるようなっている。今後、新たな透明導電膜材料が開発されることを期待している。

8.3 自己組織化単分子膜（SAM）

▶ 8.3.1 自己組織化単分子膜（SAM）とは

　適当な基板材料と反応性有機分子の組み合わせを選択し、有機分子の溶液あるいは蒸気中に基板を置くと、有機分子と基板材料の化学反応が起こり、分子が基板表面に化学吸着する。ある条件下では、この化学吸着過程で、有機分子同士の相互作用によって吸着分子が密に集合し、図 8.16 に示すような分子の配向性のそろった有機単分子膜が基板表面上に形成する。基板が分子によって被覆され、基板表面の反応サイトがなくなると、それ以上吸着反応が起こらないため、単分子膜ができたところで膜の成長が停止する。

　有機分子が自発的に集合して形成される、このような有機薄膜は、自己組織化単分子膜（SAM；self-assembled monolayer）と呼ばれている。SAM を

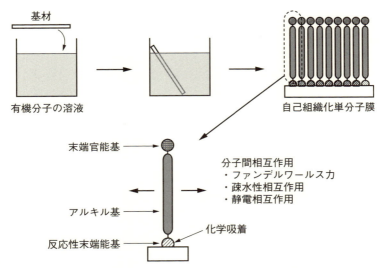

図 8.16　自己組織化単分子膜（SAM）と関与している相互作用の模式図

形成する基板材料と反応性有機分子の組み合わせの代表的な例は、酸化アルミニウム・酸化銀・ガラスなどの表面とカルボン酸、金・銀・銅・GaAs などの表面とチオールなどの有機硫黄化合物、酸化シリコン・酸化チタンなどの酸化物表面と有機シラン化合物である。

SAM を被覆すると、化学吸着した官能基とは反対側にあるもう1つの末端官能基によって、基板表面が覆い隠される。この末端官能基を選択することにより、表面の物理・化学的性質を設計・制御することができる。例えば、アミノ基やエポキシ基、ビニル基などの化学反応性のある官能基で表面を被覆することも可能であり、アルキル基やフッ化アルキル基などで被覆して表面エネルギーを小さくすることも可能である。このような見地から、SAM はこれからの表面処理にとって有用な材料であり、本膜を表面処理にいかに応用するかが課題である。

SAM の厚さは、使用する分子により異なるが 0.5～2.5 nm と非常に薄い。また 1 μL という少量の原料で、1 m^2 の面積を被覆することができる。

SAM の作り方には、LB（Langmuir-Blogett）法、液相法、気相（CVD）法がある。CVD 法では、大面積基板や複雑な形状の基板に、均一に作製することが可能であり、廃液処理が不要である。

この SAM は、分子間力による分子集合体のために高機械強度を有し、基板と化学結合を介しているために基板との密着性が高く、各種化学処理に耐える化学的安定性を有している。この特長を生かし、SAM を高解像レジストとして使用することができる。SAM レジストは、**図 8.17** に示すように従来のレジストと比べ、厚さが約百分の一、現像液・剥離液不要の点から、極めて環境調和型の材料である。また、SAM レジストは同一分子の1分子層からなるため、レジスト内部でのパターンぼけはなく、高解像度のパターニングが行える。

SAM のパターニングには、真空紫外光（VUV；vacuum ultra violet）領域のエキシマランプやエキシマレーザによるプロセス、電子ビーム・イオンビームによるプロセス、走査型プローブ顕微鏡のナノプローブによるプロセスがある。大気圧下で使用できる VUV プロセスとナノプローブプロセスは簡便である。これらの組み合わせにより、数 100 μm のマイクロメータ領域から 10 nm のナノメータ領域まで、広範囲にわたるパターニングが行える。

8.3 自己組織化単分子膜(SAM)

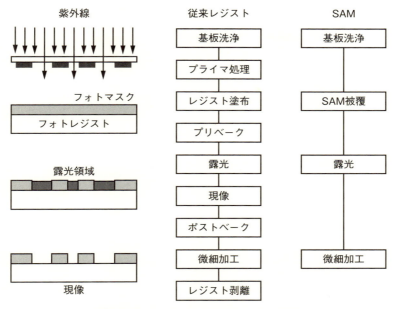

図 8.17 従来のレジストと SAM レジストの比較

　対象とする基板は、半導体、金属、ガラス・セラミックス、高分子・有機材料など各種材料である。このため、プリント配線板・電子回路、ナノ金型、ナノ表面処理・改質、半導体デバイス、センサ、メモリ、バイオデバイスなど各種分野に応用可能である。

▶ 8.3.2　CVD 法による有機シラン系 SAM の作製

　CVD 法は、気相からの化学吸着による単分子膜形成法である。基板と単分子膜原料を密閉容器などに導入し、一定時間加熱することで、分子を基板表面に自発的に化学吸着させることができる。CVD 法は、大表面積・複雑な3次元構造への被覆も可能であり、さらに廃溶剤も出ないため、環境負荷が少ない。そして、非常に簡単な手法で材料表面を被覆できるため、工業的な観点からも魅力的である。

　シラン分子 SiX_4 の官能基 X の少なくとも 1 つが、有機官能基 R で置換された分子 SiR_nX_{4-n} を有機シランと呼ぶ。有機シラン分子で、酸化物表面を処

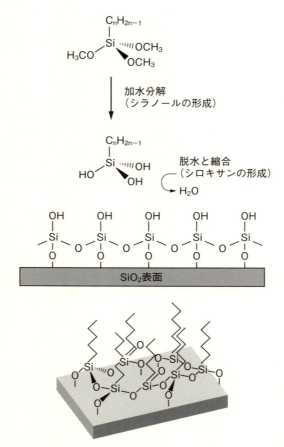

図8.18 有機シラン系 SAM（ODS-SAM）の反応模式図

理すると、酸化物表面の水酸基と有機シラン分子とが化学反応し、酸化物表面に有機薄膜が形成される。この反応はシランカップリング処理として、無機酸化物に有機被覆を施すために広く実用的に用いられてきた。反応条件を整えることによって、この有機被覆を、単分子膜すなわち SAM にすることができる。酸化シリコン、酸化チタン、ITO、マイカ、酸化アルミニウム、ガラス、酸化スズ、酸化ゲルマニウムなどの多種多様な酸化物材料が基板として用いられている。

8.3 自己組織化単分子膜（SAM）

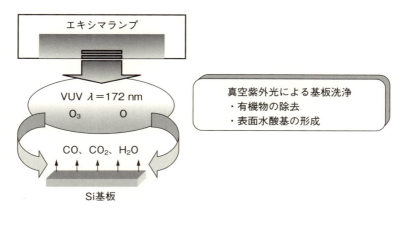

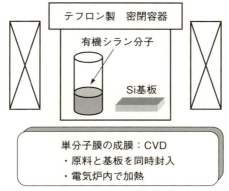

図 8.19 有機シラン系 SAM の CVD による作製の模式図

　有機シラン系 SAM は、**図 8.18** に示すように、シロキサン結合という共有結合によって基板に固定化されている。また、隣接する分子同士もこのシロキサン結合で固定化されているため、SAM の安定性が高い。そのため、他の SAM と比べ、有機シラン系 SAM は、機械的強度、化学的安定性が特に優れており、表面修飾・表面機能化への実用の可能性が最も高い。

　CVD 法による有機シラン系 SAM の作製の模式図を**図 8.19** に示す。基板の前処理としてエキシマランプを用いた VUV 照射によりシラノール基（Si–OH）の導入を図っている。この処理には大気圧低温プラズマも使用できる。

膜成長では、使用する有機シラン分子の長さに応じた膜厚が得られ、膜の成長はある一定時間において飽和する。このため、膜厚管理が不要になる。また、1分子層が形成されると、これ以上、膜の成長は進まず、自己停止する。このため、正確なプロセス管理が不要になる。このような点から、CVD法によるSAMの作製プロセスは生産性が高いプロセスになっている。現在、触媒を利用することで、SAMの形成時間を分あるいは秒単位と短く、基板サイズをA2クラスと大きく、処理温度を室温付近と低くすることが行え、工業的に使いやすい。

▶ 8.3.3 SAMのナノ・マイクロパターニング法

SAMは緻密かつ均一な高配向薄膜であるため、各種リソグラフィ技術により高解像度なパターンを作製可能である。SAMをレジスト材料として利用することで、nm—μmスケールでのシームレスなパターニングを行うことができる。ここでは、SAMのナノ・マイクロパターニング技術の具体例として、VUVを用いたパターニング技術について説明する。

VUVによる光パターニングには波長172 nmのVUV照射による露光装置を用いている。装置の模式図を図8.20に示す。はじめに、作製したSAM上にフォトマスクを置く。さらにその上に厚さ10 mmの石英板を置き、真空チャンバー内で10 Paまで減圧してVUVを20分間照射する。フォトマスクは、厚さ2 mmの石英ガラス（波長172 nmに対する透過率93 %）にクロムの長方形パターンを塗布した構成となっている。

このVUV照射によって、SAMを構成する有機分子はCO、CO_2、H_2Oといった気体分子となり除去される。フォトマスクを用いることにより、部分的にSAMが分解・除去され、下地のシリコン基板が露出し、SAMのマイクロパターンが作製される。この方法で形成した線幅2 μmおよび5 μmのパターンを図8.21に示す。

ここで、VUV照射によるODS-SAMの光分解のメカニズムについて説明する。大気中酸素が存在する雰囲気下で、有機分子にVUVを照射した際、そのVUVは有機分子と同時に酸素によって吸収される。この際、有機物の解離性の吸収帯が172 nm前後にある場合は、直接的な光解離反応により有機分子は分解する。また、この波長のVUVは、雰囲気中の酸素分子を直接

8.3 自己組織化単分子膜（SAM）

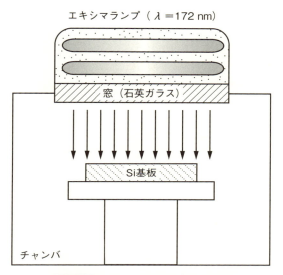

図 8.20 エキシマランプ照射装置

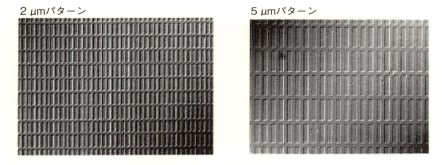

図 8.21 線幅 2 μm および 5 μm のパターン

解離し、活性酸素を生成する。

$$O_2 \xrightarrow{h\nu} O(1D) \tag{8.1}$$

$$O_2 \xrightarrow{h\nu} O_3 \xrightarrow{h\nu} O_2 + O(1D) \tag{8.2}$$

この活性酸素は反応性に富んでおり、有機物を CO や CO_2、H_2O といった揮発物として酸化除去していく。その結果、ODS-SAM は基板上から除去さ

れる。

　また、1番目のSAMをパターニングし、パターニングした位置に2番目の異なるSAMを形成することができる。このようにして、2種類以上の異なるSAMを位置選択的に形成することが行える。こうして多重SAM構造が作製できる。この場合、2番目のSAMを分子認識サイトとして働かせ、無機結晶の位置選択的成長、タンパク質、DNA、細胞、水滴などのアレイ形成などに応用できる。

▶ 8.3.4　SAMを用いた、選択的無電解めっきによる金属パターンの作製

　SAMをレジスト膜として用いることで、ナノ・マイクロスケールのパターンを作製することができる。さらに、そのパターン上に無電解めっきを行うことで、良好な選択性を有する金属パターンを作製できる。

（1）VUVリソグラフィによるAPhS-SAM/SiOxマイクロパターンの作製

　APhS-SAMの作製からAPhS-SAM/SiOxマイクロパターンの作製までの概略を**図8.22**に示す。APhS-SAMは、原料分子にパラアミノフェニルトリメトキシシラン（p-aminophenyltrimethoxysilane；APhS、$NH_2C_6H_{10}Si(OCH_3)_3$）を用いて、熱CVD法によりSi（100）基板上に作製する。APhSの化学構造式を**図8.23**に示す。

　Si基板をアセトン、エタノール、超純水を用いて、各10分間超音波洗浄を行った後、大気圧下で30分間のVUV照射によりSi基板のUV/O_3洗浄を行う。この処理により、表面上の残留有機物を除去すると同時に、自然酸化膜（SiOx）上にシラノール基（—Si—OH）を導入する。

　次に、グローブボックス中で湿度制御の下、トルエンに溶解した飽和APhS溶液100 μLを入れたガラス容器とSi基板を容積60 mLのポリテトラフルオロエチレン（Polytetrafluoroethylene；PTFE、商品名テフロン）容器に封入し、そのPTFE容器を電気炉内にて100℃で1時間保持する。この加熱により、ガラス容器内のAPhSが揮発し、Si基板上にAPhS-SAMが被覆される。その形成メカニズムはシランカップリング反応に基づいている。

　APhS末端のメトキシ基（—OCH_3）が雰囲気中の水分で加水分解し、シラノール基となる。このシラノール基と自然酸化膜上に形成されたヒドロキシ

8.3 自己組織化単分子膜（SAM）

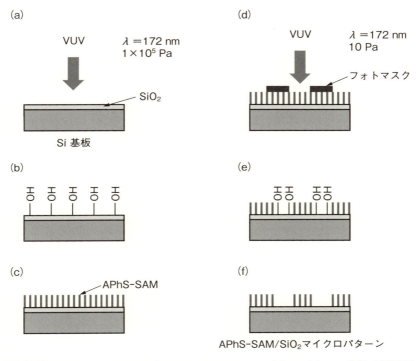

図 8.22 APhS-SAM および APhS-SAM/SiOx マイクロパターン作製の概略図

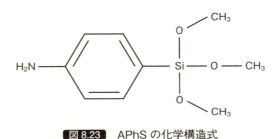

図 8.23 APhS の化学構造式

ル基が脱水縮合することにより、APhS が Si 基板上に固定化される。さらに、Si 基板上に固定化された APhS 同士がシロキサン結合（—O—Si—O—）を作り、APhS-SAM を形成する。

APhS-SAM を被覆した基板に、フォトマスクを介して、VUV を 10 Pa 下で 30 分間照射する。この VUV 照射により、露光領域では APhS-SAM が光分解されて SiOx が露出し、遮光領域には APhS-SAM が残り、APhS-SAM/SiOx マイクロパターンが形成できる。SAM は、「高々 1～2 nm の有機薄膜」であるが、光リソグラフィ用のレジスト膜として有効に活用することができる。

（2）選択的無電解めっき

無電解めっきでは、素地と析出させる金属の密着性を向上させるために、前処理として、エッチング、センシタイジング、アクチベーション処理を行うのが一般的である。一方、APhS-SAM の末端官能基（アミノ基：—NH$_2$）を利用することで、上記のような多段階の工程を行わずに、無電解めっきを行うことができる。

APhS-SAM を溶液中に浸漬させると、溶液の pH に応じてアミノ基はプロトン化（—NH$_3^+$）するため、その化学的状態が変化する。通常、金属イオンが陽イオン性の配位子と錯体を形成することは少ないので、APhS-SAM 表面の末端官能基はアミノ基であることが望まれる。また、水溶液中のパラジウムの化学的状態も、溶液の pH により変化する。それらの化学的状態により、APhS-SAM 領域上に析出するパラジウム量が大きく異なることが予想される。

したがって、PhS-SAM 表面の化学的状態変化の pH 依存性を調査することが肝要となるため、APhS-SAM のゼータ電位測定を行った。この結果、APhS-SAM 表面のゼータ電位は、pH 3、4 では正の値を、pH5、6 では負の値を示した。これより、APhS-SAM 表面の等電位点は、pH4～5 に存在する。等電位点以下の pH の水溶液中では APhS-SAM 末端のアミノ基がプロトン化し—NH$_3^+$ となるため、ゼータ電位の値が正になると考えられる。

無電解めっきを行うためには、パラジウムの析出量が重要となるため、APhS-SAM 上へのパラジウム析出量の溶液 pH 依存性を検討した。Si 基板および APhS-SAM 被覆 Si 基板を、各々、pH を 3～6 に調整したパラジウム溶

8.3 自己組織化単分子膜（SAM）

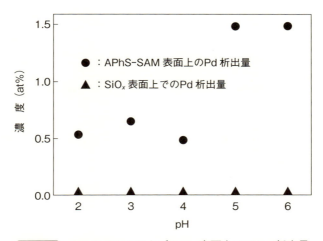

図 8.24 APhS-SAM および SiOx 表面上での Pd 析出量

液に 30 分間浸漬した。各 pH のパラジウム溶液に浸漬した Si 基板上および APhS-SAM 上へのパラジウムの析出量を**図 8.24** に示す。パラジウムの析出量は、XPS による測定結果より算出した。

いずれの pH の溶液に浸漬した APhS-SAM 上にも、パラジウムの析出が確認される。一方、Si 基板上には、パラジウムは析出していない。よって、いずれの pH の溶液に APhS-SAM/SiOx マイクロパターンを浸漬しても、パラジウムは APhS-SAM 領域上に選択的に析出することが確認できた。

pH3、4 の溶液よりも pH5、6 の溶液に浸漬した APhS-SAM 上の方がパラジウムの析出量が多い。等電位点（pH4〜5）よりも小さい pH の溶液中では、APhS-SAM のアミノ基はプロトン化し、—NH_3^+ となる。一方、パラジウムはアミノ基と錯体を形成することが知られているため、pH5、6 ではその析出量が増加したと考えられる。pH3、4 において、少量のパラジウムが析出したのは、APhS-SAM の末端に一部残存するアミノ基との錯体形成に起因する。

パラジウム溶液に浸漬後、APhS-SAM/SiOx マイクロパターンを超純水で 10 分間超音波洗浄した。その後、60℃に加熱した無電解銅めっき液に約 5 秒間浸漬し、銅マイクロパターンを作製した。無電解銅めっきでは、APhS-SAM/SiOx マイクロパターンの APhS-SAM 領域上に固定化されたパラジウ

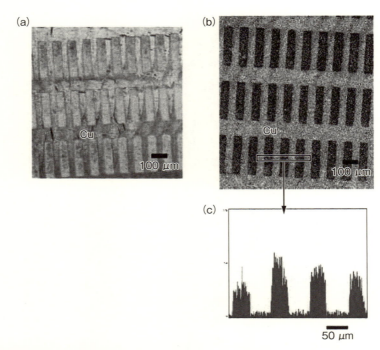

図 8.25 APhS–SAM/SiO$_x$ マイクロパターン上に析出した銅マイクロパターンの(a)光学顕微鏡写真、(b) SEM 像および(c) EDS による銅原子濃度分析

ムが触媒核となり、パラジウム上に銅が析出する。

図 8.25 に、APhS–SAM/SiO$_x$ マイクロパターン上に析出した銅マイクロパターンの(a)光学顕微鏡写真(金属光沢を有する領域:銅)、(b) SEM 像(明領域:銅)および(c) EDS による銅原子濃度の線分析結果を示す。光学顕微鏡写真より、銅が APhS–SAM 領域上に析出していることが認められる。また、SEM 像および EDS による線分析結果から、銅マイクロパターンの解像度が優れていることが確認できる。

なお、無電解銅めっきにより作製した銅マイクロパターンの膜厚は約 150 nm である。最良の成果では、線幅 300 nm の金属マイクロパターンの作製が可能である。

類似した手法により作製した Si 基板上の無電解ニッケルめっきパターン

（線幅：50 μm）、無電解銅めっきパターン（線幅：1 μm）、無電解銅めっきパターン（線幅：300 nm）を図 8.26、図 8.27 および図 8.28 に示す。

今後、この銅マイクロパターンを電子回路などの金属配線として実用的に利用するためには、めっき膜厚に関しアスペクト比を向上させ、金属配線としての抵抗率評価やマイグレーション試験などを行う必要がある。

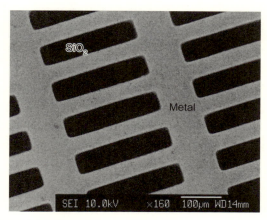

図 8.26　Si 基板上の無電解ニッケルめっきパターン（線幅：50 μm）

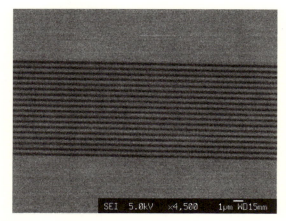

図 8.27　Si 基板上の無電解銅めっきパターン（線幅：1 μm）

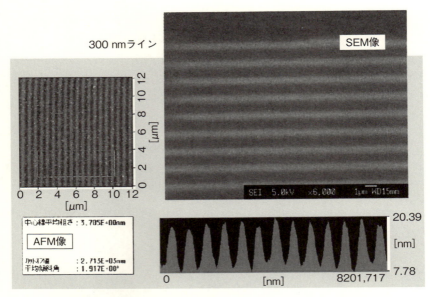

図8.28 Si基板上の無電解銅めっきパターン（線幅：300 nm）

▶ 8.3.5 SAMの糖鎖ディスプレイへの応用

SAMを『糖鎖ディスプレイ』へ応用した例を述べる。ここで、糖鎖の固定化表面を『糖鎖ディスプレイ』と呼び、この作製法について紹介する。この糖鎖ディスプレイは、タンパク質検出、細胞機能解析、細胞および臓器の再生などに応用できる。

細胞膜を模した構造を作製するに当たり、その細胞膜表層にある糖鎖が大きな役割を果たしていることが明らかになってきた。糖は単なる生体のエネルギー物質や天然高分子としてしか認識されていなかったが、糖鎖は生体認識シグナルとして、生命現象で重要な役割を果たしている。

例えば、細胞の接着、インフルエンザウイルスの感染、癌の転移、痴呆の発症など、生命の神秘を司るような現象のおおよそ全てにおいて、糖鎖の認識が関与している。

糖鎖の分子認識現象は非常に重要であるが、糖鎖とタンパク質の相互作用は一般的に微弱である。これを克服する手段として、人工的に糖鎖が密集したクラスタ化合物を合成すれば、糖鎖の認識機能を効率的に発現する分子と

なり、細胞やタンパク質、ウィルスなどに結合し、薬剤や材料として有用な機能を発揮すると考えられる。

特に、高分子の側鎖に糖鎖を結合した物質、"糖鎖高分子"は低分子の糖クラスターと比べて、大きな糖クラスター効果を発現して、優れた生体認識性を発揮することから注目を集めている。また、高分子故の特殊な物理化学的性質を生かして、ミセル化、薄膜化、フィルム化、繊維化など材料への展開が可能であり、優れた生体機能材料、バイオデバイスへと発展させることが容易である。

糖鎖ディスプレイ創製のアプローチを図8.29に示す。ここでは、肝細胞（hepatocyte）と線維芽細胞（fibroblast）とを共培養するための方法を確立する。これにより、狂牛病とアレルギー反応を制御した無血清培地による肝細胞の培養が行える。この創製に当たっての考え方を図8.30に示す。

開発した作製手順を簡略に述べる。

(1) シリコン基板にSAMの成膜手法とフォトリソグラフィの手法とを用い、ODS（octadecyltrimethoxysilane）-SAMとAPS（aminopropyltrimethoxysilane）-SAMの2次元パターン（線幅10～100 μm）を作製する。

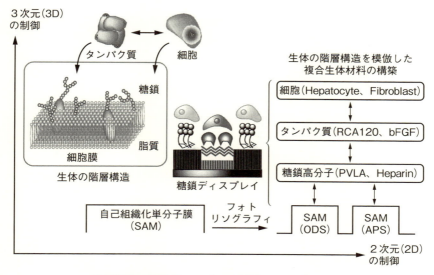

図8.29 糖鎖ディスプレイ創製へのアプローチ

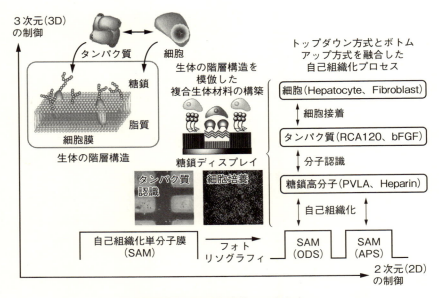

図 8.30 肝細胞培養への考え方

(2) ODS-SAM 上に人工糖鎖高分子 PVLA（poly（N-p-vinylbenzyl-O-β-D-galactopyranosyl-(1-4)-D-gluconamide）を疎水性作用により自己集積させる。この PVLA を分子認識サイトとして働かせ、PVLA 上にさらにヒママメレクチンタンパク質 RCA120 を自己集積させる。

(3) 一方、APS-SAM 上にヘパリン（アニオン性天然糖鎖高分子）を静電作用により自己集積させる。このヘパリンを分子認識サイトとして働かせ、ヘパリン上に更に線維芽細胞増殖タンパク質 bFGF を自己集積させる。

(4) 線維芽細胞は bFGF 上に特異的に接着し、増殖する。一方、肝細胞は bFRF 上へは接着しない。

(5) 肝細胞は、PVLA 中のガラクトースを認識し、PVLA 上に接着する。

このようにして、肝細胞と線維芽細胞とがパターン上にて、共に培養することが可能になる。こうすると、線維芽細胞は肝細胞のパターン上に伸展し、マトリックス分子としての機能を果たし、肝細胞の成熟化を促進させた。この共培養の状況を**図 8.31** に示す。本手法により、肝細胞は、無血清培地で 10 日間生存した。

8.3 自己組織化単分子膜（SAM）

　本共培養技術については更に深化させることが必要である。このようにして、生物の示す階層構造を模した構造を、人工的に自己組織化現象を用い作製することが可能になった。

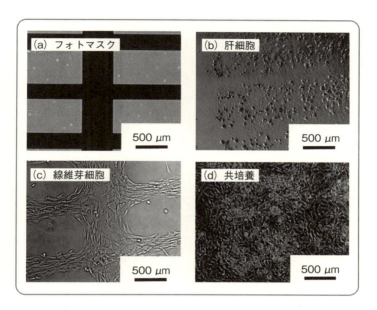

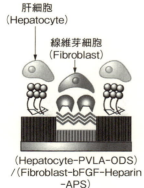

・線維芽細胞は、肝細胞のパターン上に伸展した
・無血清培地で10日間の肝細胞の生存能を確認した
　線維芽細胞は、マトリックス分子として機能して肝細胞の成熟化を促した

図8.31　肝細胞の共培養

213

Column

● IoTとトリリオン・センサ ●

現在、IoT（internet of things）やIoE（internet of everything）が広まっている。IoTは、様々なもの（thing）がインターネットによってつながり、情報交換、制御などことを指している。全てのものがつながるとのことで、IoEともいうようになった。従来のコンピュータ同士だけではなく、家電製品、個人用情報機器、産業用機械など、あらゆるものがインターネットを介してつながるようになる。

この際、「玄関ドアが開いている」、「チーリップの水が足りない」、「A装置の調子が悪い」、「水漏れしている」、「Bバルブを閉めて」といった情報がやり取りされるが、この末端での情報を得るにはセンサが必要になる。今後、いろいろなセンサがいろいろな場所、装置、機器などで使われるようになる。

こういったセンサの個数は、今後、1年間にトリリオン（1兆）個を上回るくらい使われるだろうとの推定から、トリリオン・センサ（trillion sensors）といわれる。あらゆるものがセンサを備えた時代が近づいている。このようなセンサは、価格が安くなくては普及しない。このため、センサを安価で大量に生産できるプロセス開発が求められており、各種表面処理技術が役立つであろう。

ドライプロセスの最新技術・研究

　ドライプロセスの最新技術・研究について紹介しよう．DLC膜や超はっ水処理の実用的展開，ナノインデンテーション法の具体的応用，鋼への窒化処理や浸炭処理の高度化展開，イオンプレーティング・スパッタリングにおける斜め堆積の効果，プラズマCVDの解析法，新たな成膜法・表面改質法などを通し，ドライプロセスの広がりを知ろう．

9.1 コーティング法・装置

▶ 9.1.1 DLC コーテッドゴム

　現在、シリンダなど摺動部にゴム製Oリングが使用されている。このOリングに潤滑性を持たせるため、オイルやグリースが多用されている。しかし、医療機器、半導体製造装置、食品加工装置などにおいては、オイルやグリースの使用が望ましくない場合が多い。そこで、摺動部材のオイルレス化を図るため、Oリングに潤滑性の高い DLC コーティングを施すことを目指した。

　DLC のコーティング法としては、量産性に優れ、設備的に安価な中真空プラズマ CVD を採用した。ゴム基板材料には、Oリング材として使用しているジエン系ゴムのアクリロニトリル・ブタジエンゴム（NBR）と非ジエン系ゴムのエチレン・プロピレン・ジエンゴム（EPDM）を用いた。

　DLC 原料にアセチレン（C_2H_2）を用い、Ar イオンによる基板クリーニングの後、40 Pa にて、高周波プラズマ CVD を行った。1時間で約 2 μm の成膜が行え、この膜の評価を行った。ラマン分光により典型的な DLC 膜が形成されていることがわかった。図 9.1 に示すように、この形成膜は、形成条件により微細な凹凸としわのあるドメイン状構造をとっており、高真空成膜ではできない構造であった。この構造は、大竹らのセグメント構造の DLC

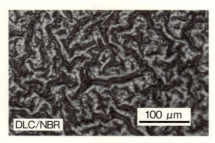

図 9.1　アクリロニトリル（NBR）ゴムに成膜した DLC 膜の構造

と類似しており、中真空成膜では、この構造が自発的に生じている。このため、引張試験前後において、構造変化はなく、内部応力の緩和も行われていることとが判明した。DLC膜の硬さは690 Hvであり、NBR上に形成したDLC膜の摩擦係数は0.09と小さかった。

このDLCコーテッド製Oリングの摺動特性を、小型切換えスプール弁に取り付け、実機にて試験を行った。この結果、2,000 mの摺動にも耐え、オイルレスシール部材として使用できるここが実証できた。

このDLCコーテッド製Oリングの実用化のためには、さらなる低コスト化が必要であるが、摺動部材のオイルレス化に貢献できると考えている。

参考文献

1) K. Fujimura, K. Tashiro, S. Yamamoto, O. Takai : Mater. Sci. Tech. Jpn., **55**, 21-25 (2018)
2) 藤邨克之：関東学院大学博士学位論文 (2018)
3) Y. Aoki, N. Ohtake : Trobol. Int., **37**. 941 (2004)

▶ 9.1.2　DLCの手術用器具への応用

DLCの硬質性、耐摩耗性、血液非凝集性などの優れた特徴を利用するため、ステンレス鋼製の手術用器具にコーティングを行った。

DLCコーティングには、ベンゼンをイオン化する電子励起式イオンプレーティングを採用した。ステンレス鋼の上にはS/O/C系の傾斜組成膜を形成し、この上にDLC膜を作製し、密着性の向上を図った。

DLCコーテッドメスの切れ味評価には、代替物として紙を切断する器具を開発し、調べた。この結果、切れ味はコーティングすることにより上昇することがわかった。また、血液の非凝集性を評価し、凝集しにくいことを確認した。

DLCをコートした手術用器具の写真を**図9.2**に示す。医師からは、従来の器具と比べ優れているとの評価をいただいた。さらに、DLCをコートした器具が黒色で反射率が低いことから、長時間手術において、従来の器具の光反射が高く、目が疲れることが防げるとの利点評価があった。今後、手術器具など医療用分野にDLCコーティングが使われることを期待している。

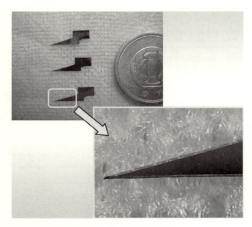
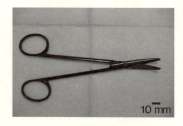

図9.2 傾斜組成構造のDLC膜を被覆した手術用器具
（左上：医療用メス、左下：医療用ハサミ、右：医療用マイクロナイフ）

参考文献

1) T. Mano, T. Shibuya, O. Sugiyama, H. Nakayama, O. Takai : Jpn. J. Appl. Phys. 44, 282 (2004)
2) 真野　毅：名古屋大学博士学位論文 (2006)

▶ 9.1.3　ナノインデンテーション法

　ハードコーティングが各種分野において用いられ、その薄さは数 μm 以下、場合によっては、10 nm 以下となっている。このような薄膜の硬さを評価することは、ハードコーティングの分野において極めて重要になっている。

　従来のマイクロ硬度計では、mN のオーダーの印加荷重を用いている。一般に、膜の場合、押し込んだときの深さが、膜厚の約十分の一以下でないと、正確な硬さの値が求められない。このため押し込み荷重を小さくすることが必要になる。マイクロ硬度計で用いている mN オーダーの荷重では大きい。そこで mN レベルより小さい荷重を用いると、できる圧痕が小さくなり、この大きさを通常の光学顕微鏡で求めることが困難になる。

　また、走査電子顕微鏡や走査プローブ顕微鏡を用いても、小さな圧痕を探すことは難しい。そこで、1 μm 以下の薄い膜については、圧子の押し込み深さ（変位）を自動的に測定する『ナノインデンテーション法』が開発され

た。この際、使用する印加荷重は、μN オーダーである。測定された荷重–変位曲線を解析することにより、硬さを求めることができる。

なお、μN より小さな、pN〜nN のレベルでの力学特性の計測には、原子間力顕微鏡（AFM）が有効である。

ナノインデンテーション法によっては、硬さのみならず、薄膜の各種機械的特性（接触剛性、ヤング率、回復率、耐摩耗特性、粘弾性など）を評価することができる。

図 9.3 にナノインデンテーション装置の一例を示す。ナノインデンテーションは下記のように行う。測定表面にダイヤモンド圧子を当て、μN オーダーの超微小荷重を、ある一定荷重（最大荷重という）まで、一定速度で印加する。圧子の駆動および荷重・変位（押し込み深さ）計測は、一般に 3 枚の静電容量板構造からなるトランスジューサにより行う。ダイヤモンド圧子としては、公称先端半径 100 nm 以下のベルコビッチ（Berkovich）圧子（表 7.1 参照）を用いる。

最大荷重に達した後、最大荷重から除荷を、同じ速度で行い、ゼロ荷重まで戻す。このようにして、**図 9.4** に示す荷重–変位曲線が求められる。図中、左側の曲線を負荷曲線、右側の曲線を除荷曲線と呼ぶ。同図の場合、試料と

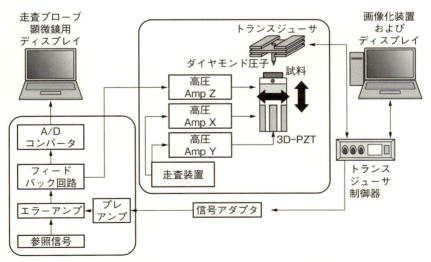

図 9.3 ナノインデンテーション装置の構成図

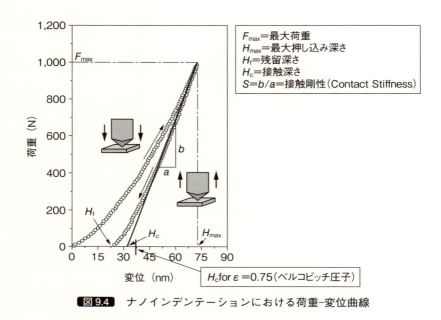

図 9.4 ナノインデンテーションにおける荷重−変位曲線

して石英ガラス（SiO_2）標準試料を用い、最大荷重（F_{max}）を 1,000 μN、負荷および除荷速度を 100 μN/s、最大荷重での保持時間を 0 s とした。図 9.4 の荷重−変位曲線を解析することにより硬さ、ヤング率などを求めることができる。

　試料表面に荷重を印加すると、弾性および塑性変形が同時に生じ、試料の硬さに依存した圧痕が形成される。除荷時には弾性変化部位のみが回復する。前述のように、図 9.4 は 9.5±1.5 GPa の硬さを有する石英に対して最大荷重 1,000 μN を印加した場合の荷重−変位曲線である。**図 9.5** に、ダイヤモンド圧子による圧子先端での材料表面変形の模式図を示す。Oliver と Pharr は、除荷過程において接触面積が変化しないと仮定した上で、除荷曲線を力の法則を利用して解析した。力の方程式から最大荷重（F_{max}）は、

$$F = B(h - h_f)^m \tag{9.1}$$

となる。ここで、h_{max} は最大深さであり、h_f は除荷後の残留深さである。また、B と m は経験的に定められる変数である。図 9.4 で、接触剛性（S）は除荷開始直後の傾きに相当し、接触深さ（h_c）は接線と荷重 0 との交点に相

9.1 コーティング法・装置

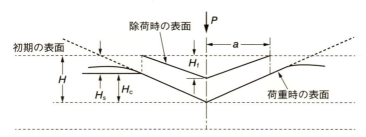

図 9.5 ダイヤモンド圧子による圧子先端での材料表面変形の模式図

当する。

$$S = \frac{dF}{dh} (h = h_{\max}) \tag{9.2}$$

$$h_c = h_{\max} - \varepsilon \frac{F_{\max}}{S} \tag{9.3}$$

ここで、ε はダイヤモンド圧子形状に関係する定数であり、ベルコビッチ型の場合は約 0.75 である。また、試料と圧子間の接触投影面積（A）は、圧子形状が一定な三角錐であるため、接触深さの関数として求められる。

$$\begin{aligned} A &= F(h_c) \\ &= 24.5 h_c^2 + C_1 h_c + C_2 h_c^{\frac{1}{2}} + C_3 h_c^{\frac{1}{4}} + \cdots \end{aligned} \tag{9.4}$$

式(9.4)の第 1 項は、理想的なベルコビッチ圧子での関数で、第 2 項以下はそれに対する補正項であり、近似的に計算できる。C_{1-3} は任意定数であり、石英標準試料をインデントしたときに、測定された硬さが 9.5±1.5 GPa になるように補正する。これらの値からヤング率（Er）および硬さ（H）が求められる。

$$Er = \frac{1}{\beta} \frac{\sqrt{\pi}}{2} \frac{S}{\sqrt{A}} \tag{9.5}$$

$$H = \frac{F_{\max}}{A} \tag{9.6}$$

ここで、β は圧子の幾何学的形状に関係する定数であり、ベルコビッチ圧子の場合は約 1.034 である。

なお、現在では、ナノインデンテーションにおける各種解析法が提案されている。

参考文献
1) W. C. Oliver, G. M. Pharr : J. Mater. Res., 7, 1,564 (1992)

▶ 9.1.4 シールド型アークイオンプレーティングによる炭素系薄膜の作製とナノインデンテーション法による機械的特性評価

(1) シールド型アークイオンプレーティングによる炭素系薄膜の作製

　硬質な炭素系薄膜は、イオンプレーティング、スパッタリング、プラズマCVD、イオン注入など、いろいろな方法で作製されている。この中で、イオンプレーティング、特にマルチアーク方式のイオンプレーティング（アークイオンプレーティングと呼ぶ）が産業界で多く使われている。このアークイオンプレーティングでは、生産性に優れている反面、ドロップレットと呼ばれるマクロパーティクルによる平滑性に劣る問題があった。この点を解決するため、シールド型アークイオンプレーティングの方式が開発されている。

　本方式では、蒸発源と基板（試料）との間にシールド板を設置することにより、ドロップレットの基板への付着を防いでいる。簡便な方法であるが、ドロップレット防止には強力であり、平滑な DLC、a-CN、TiN など各種薄膜が作製できている。

　使用するシールド型アークイオンプレーティング装置の概略を図 9.6 に示す。放電ガスとしてアルゴンを用いると、水素を含まない DLC 膜が作製できる。また、アルゴンに水素を添加することにより、水素入り DLC 膜が作製される。一方、窒素のみ、あるいはアルゴンと窒素の混合ガスを使用することにより、水素を含まない a-CN 膜が作製できる。水素入りの a-CN 膜の形成も可能である。

　作製条件としては、DLC 膜についてはアルゴンガス、a-CN 膜については窒素ガスを用い、ガス圧力を 1 Pa、直流アーク電流を 60 A に保持し、基板への直流バイアス電圧を 0〜−500 V の範囲で変化させた。膜厚は全て 120±10 nm である。作製膜は水素を含んでいない。a-CN 膜について、膜中の N/C 比はバイアス電圧により異なるが、0.25〜0.15 である。

　このように基板バイアス電圧を変化させて作製した炭素系薄膜の機械的特性を、ナノインデンテーション法により測定し、成膜中のバイアス強度（イオン衝撃強度）が機械物性にどのような影響を与えるかについて調べた。ナ

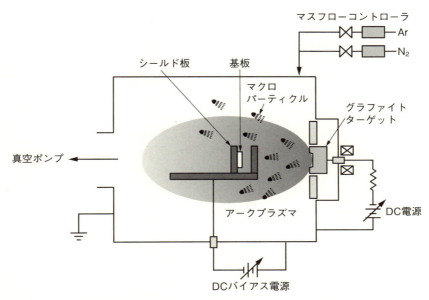

図 9.6 シールド型アークイオンプレーティング装置

ノインデンテーション法の使用例として述べる。

(2) 硬さ (H) およびヤング率 (Er)

作製した炭素系薄膜、DLC 膜（a–C）と窒化炭素膜（a–CN）、のヤング率および硬さの基板バイアス効果を**図 9.7** に示す。膜厚は 120 nm と極めて薄いが、ナノインデンテーション法を用いることで、基板の影響が含まれていない、膜自体の硬さおよびヤング率が得られている。使用した最大荷重は 500 μN であり、負荷／除荷速度は、共に 100 μN/s である。

a–C 膜の硬さとヤング率は基板バイアス電圧に依存し、-100 V のときに最大値約 40 GPa を示した。一方、a–CN 膜の硬さおよびヤング率は、基板バイアスによらずほぼ一定であり、それぞれ 100〜150 GPa および 10〜15 GPa となっている。

(3) 回復率 (R)

ナノインデンテーション法では、回復率 (R) を用いて試料の弾性的性質を評価できる。回復率は、次式に示すように最大深さ (h_{max}) と残留深さ (h_f) の関係から求められる。

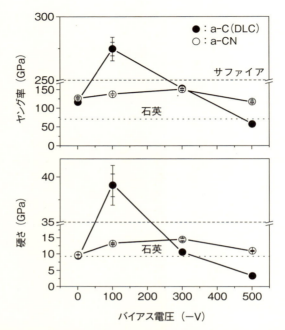

図9.7 DLC膜(a-C)と窒化炭素膜(a-CN)のヤング率および硬さとバイアス電圧の関係

$$R[\%] = \frac{(h_{max} - h_f)}{h_{max}} \times 100 \tag{9.7}$$

炭素系薄膜は金属膜に比べ、弾性的である。Hollowayらはマグネトロンスパッタ装置を用いて作製したa-CN膜が、a-C膜よりも弾性的であることを報告している。a-C膜およびa-CN膜の回復率の基板バイアス依存性を**図9.8**に示す。

a-C膜の場合、-100Vのときに回復率が最大値を示し、約90%であった。一方、a-CN膜の場合、基板バイアスの増加とともに、回復率も増加した。いずれの条件で作製された炭素系薄膜においても、石英の回復率を上回っていた。

このように、同一系列の薄膜の機械物性評価において、回復率評価はそれらの機械的特性を決める重要な評価項目であると考えられる。

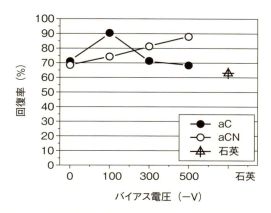

図9.8 DLC膜（a-C）と窒化炭素膜（a-CN）の回復率とバイアス電圧の関係

（4）弾性および塑性変形エネルギー

ナノインデンテーション法では弾性および塑性変形から機械物性を求めるため、試料には弾性および塑性変形エネルギーが与えられる。弾性変形エネルギーは、220ページ図9.4の除荷曲線に沿った $H_f F_{max} H_{max}$ の面積に相当し（ここで、F_{max} は負荷最大点を示す）、塑性変形エネルギーは負荷曲線に沿った面積から弾性変形エネルギーに相当する面積を引いた $0 F_{max} H_f$ の面積に相当する（ここで、0は原点を示す）。

Hultmanらによると、窒化炭素膜はTiN単結晶、アモルファスシリカ、シリコン単結晶あるいはサファイア単結晶に比べ、塑性変形エネルギーが小さく、多くが弾性変形エネルギーとして蓄えられると報告されている。**図9.9**に、様々な基板バイアスで作製されたa-C膜およびa-CN膜、あるいは参照試料としてサファイアの塑性変形エネルギーの最大荷重依存性を示す。基板バイアス −500 V で作製されたa-C膜のみ、サファイアよりも大きい塑性変形エネルギーを示した。また、a-C膜およびa-CN膜の塑性変形エネルギーは、基板バイアス電圧に依存しており、次項で説明する耐摩耗性と類似の変化傾向を示した。

（5）摩耗特性

ナノインデンテーション法では、摩耗特性を評価することも可能である。走査型プローブ顕微鏡に装着したダイヤモンド圧子で、1 μm×1 μm 領域を

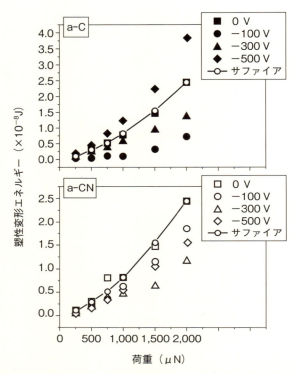

図9.9 DCL膜（a-C）と窒化炭素膜（a-CN）の塑性変形エネルギーとバイアス電圧の関係

一定の荷重で走査し、その走査領域を観察し、摩耗深さを計測する。図9.10に、荷重30μNで試料表面に接触させ、速度2.8μm/sで30回繰り返し擦ったa-C膜の摩耗試験後の表面原子間力顕微鏡像を示す。この方法では深さ1nm以下の摩耗痕でも評価することが可能である。それゆえ、膜厚10nm以下の超薄膜のトライボロジィ特性を評価できる、数少ない評価方法の1つであると言える。図9.11に、石英の摩耗深さ（1とする）に対する、a-C膜およびa-CN膜の相対摩耗深さの基板バイアス依存性を示す。基板バイアス−100Vで作製したa-C膜およびa-CN膜において、極めて優れた耐摩耗性を示した。a-C膜では硬さと耐摩耗性の基板バイアス依存性が一致しているのに対して、a-CN膜では同様の傾向が観察されなかった。

9.1 コーティング法・装置

印加バイアス電圧：
(a) 0 V

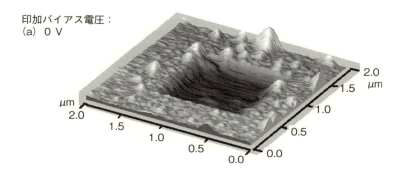

(b) −100 V

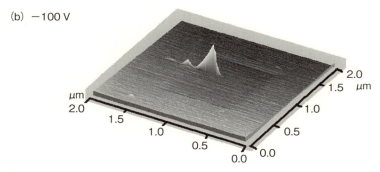

図 9.10 ナノ摩耗試験後の DLC 膜（a–C）の原子間力顕微鏡（AFM）像

　シールド型アークイオンプレーティング法により作製した炭素系薄膜（DLC（a–C）膜および a–CN 膜）の硬さ、摩耗特性などの機械的物性評価を例に挙げながら、ナノインデンテーション法による薄膜の機械的特評価方法について説明した。従来の硬さ試験では評価できなかったヤング率、回復率あるいは摩耗特性についても、ナノインデンテーション法によって評価が可能であることを示した。さらに、ナノメートルオーダーのクリープや疲労特性も評価できる。
　このように、ナノインデンテーション法は押し込み深さが小さいため、薄膜や表面改質材料のナノメートルオーダの様々な機械的特性評価に有力な方法である。

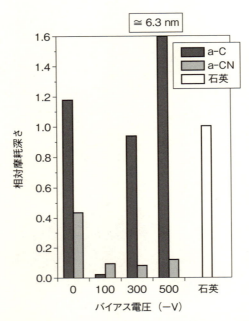

図9.11 DCL膜(a-C)と窒化炭素膜(a-CN)の相対摩耗深さとバイアス電圧の関係

参考文献

1) K. H. Lee, Y. Inoue, H. Sugimura, O. Takai : Surf. Coat. Technol., **169-170**, 336 (2003)
2) K. H. Lee, H. Sugimura, Y. Inoue, O. Takai : Thin Solid Films, **435**, 150 (2003)
3) B. C. Holloway, O. Kraff, D. K. Shuh, M. A. Kelly, W. D. Nix, P. Pianetta, S. Hagström : Appl. Phys. Lett., **74**, 3,290 (1992)
4) L. Hultman, J. Neidhardt, N. Hellgren, H. Sjöström, J. E. Sundgren : MRS Bull., **28**, 194 (2003)
5) K. H. Lee, O. Takai : Surf. Coat. Technol., **200**, 2,428 (2005)
6) K. H. Lee, R. Ohta, H. Sugimura, Y. Inoue, O. Takai : Thin Solid Films, **475**, 308 (2005)
7) K. H. Lee : 名古屋大学博士学位論文 (2005)

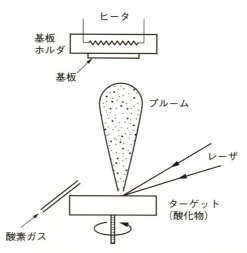

図9.12 レーザアブレーションによる酸化物薄膜作製の模式図

9.1.5 レーザアブレーション

　固体あるいは液体の表面に強力なレーザを照射した際、その表面でプルームと呼ばれるプラズマ状態が発生し、固体あるいは液体の表面構成物質が爆発的に放出される現象を、レーザアブレーションと呼び、放出された物質を基板上に堆積させることで膜形成が行える。当初は、プラスチック材料の加工に用いられたが、YBCOなどの超電導材料の薄膜形成に利用され、薄膜形成法として広まった。

　図9.12にレーザアブレーション装置を示す。アブレーション用レーザとしては、エキシマレーザ、QスイッチNd：YAGレーザの高調波が利用されている。レーザが入射する薄膜原料となるターゲットは、通常、回転し、均一にアブレーションが起きるようなっている。

　レーザアブレーションによる薄膜作製は、パルスレーザデポジション（pulsed laser deposition；PLD）と呼ばれている。レーザアブレーションは、薄膜作製だけではなく、材料加工にも用いられ、新たなレーザも使用されている。

▶ 9.1.6 光輝プラズマ窒化処理と Si-DLC コーティング

S45C、SKD61 などの鋼材に光輝プラズマ窒化処理を行い、この窒化層の上に Si を添加した DLC（Si-DCL）をコーティングすることにより、機械的特性に優れた表面処理が行える。

基板なる鋼材を Ar スパッタリングで前処理した後、N_2 と H_2 混合ガスを用い、基板周りに二重のスクリーンを設け、このスクリーン間でホローカソード放電（HCD）により高密度プラズマを生じさせ、このプラズマ中より N ラジカルを基板に拡散させることによりナノレベルの窒化層を作製する。この模式図を**図 9.13** に示す。この処理を ATONA（atomic nitriding）という。これにより、**図 9.14** に示すような従来のイオン窒化より微細な窒化物が形成され、**図 9.15** に示すような光輝窒化処理が行える。従来のイオン窒化と比べ、硬さ試験において硬さはほぼ同等であるが、亀裂が入りにくいことがわかった。

この窒化層上に、プラズマ CVD により、Si を含有した Si-DLC 膜を形成した。光輝窒化処理を行うことで、Si-DLC 膜の密着性は向上した。DLC は高湿度下では、摩擦係数が上昇することがあり、この上昇を抑えることと、耐熱性を向上させる要求があった。Si-DLC は、この両者を解決した。約 10 % Si 添加の DLC は約 500 ℃、約 20 % Si 添加の DLC は約 800 ℃ の耐熱性を

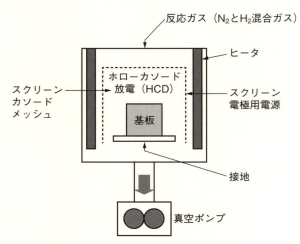

図 9.13 光輝プラズマ窒化処理装置（ATONA 装置）

9.1 コーティング法・装置

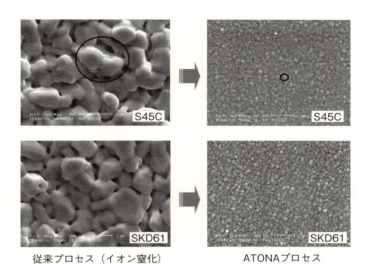

図9.14 S45C および SKD61 鋼材における窒化処理により形成した窒化物の SEM 写真

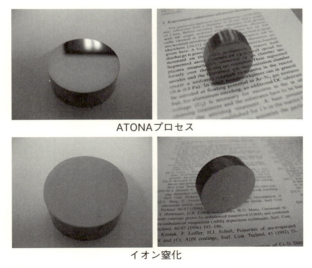

図9.15 ATONA プロセスとイオン窒化の処理後の表面写真

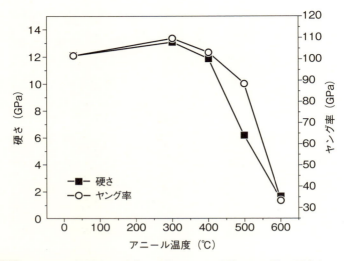

図 9.16 ATONA 処理上に形成した約 10 % Si 添加 DLC 膜の硬度とアニール温度の関係

示し、湿度に関しても摩擦係数はほぼ一定であった。約 10 % Si 添加 DLC の硬度とアニール温度の関係を **図 9.16** に示すが、約 400 ℃ までは硬度は変わらず、約 500 ℃ においても十分な硬度を示している。

鋼材に対し、光輝プラズマ窒化と Si-DLC コーティングにより、厳しい環境下で使用できる表面処理法が開発された。

参考文献

1) S. G. Kim, N. Saito, O. Takai : Diamond Relat. Mat., **19**, 1,017 (2010)
2) S. G. Kim : 名古屋大学博士学位論文 (2009)

▶ 9.1.7 自己組織化リン酸ジルコニウム多層膜

リン酸ジルコニウム化成処理は、アルミニウム製飲用缶の耐食性を上げるため、また基板と塗膜層の密着性を上げるため用いられている。従来使われていたリン酸クロム処理に代わり、クロムフリーの見地から広まっている。この際のリン酸ジルコニウムの膜厚は数十 nm である。このリン酸ジルコニウム膜をより緻密にし、耐食性の向上を目指し、自己組織化手法を利用して、

9.1 コーティング法・装置

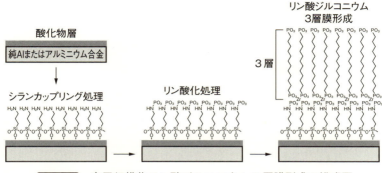

図9.17 自己組織化リン酸ジルコニウム3層膜形成の模式図

表9.1 塩水噴霧試験結果（35℃，5wt.% NaCl 溶液）

	白さび発生領域（%）				
	0h	2h	24h	48h	72h
未処理	0	90	100	100	100
リン酸ジルコニウム化成処理	0	0	60	100	100
自己組織化リン酸ジルコニウム3層膜	0	0	0	0	60

リン酸ジルコニウム多層膜を形成した。この方法と耐食性評価について述べる。

基板には、純アルミニウムおよびアルミニウム合金を使用した。まず、基板をアルカリ脱脂、酸洗、化学研磨を行った後、VUV洗浄を行う。この後、図9.17に示す工程により、リン酸ジルコニウムの3層を形成した。この形成膜につき、塩水噴霧試験を行い、白さび発生の領域を測定した。比較として、未処理基板および通常のリン酸ジルコニウム化成処理基板を用いた。この塩水噴霧試験結果を、表9.1に示す。

未処理基板は、2時間で90%、リン酸ジルコニウム化成処理基板は、24時間で60%の白さび発生に対し、自己組織化リン酸ジルコニウム3層膜は、72時間で60%となり、高い耐食性を示した。これは、自己組織化手法により、

10 nm以下の薄い膜であっても、緻密に形成できたため、耐食性が向上したと考えられる。このように、自己組織化手法で作製する単層膜あるいは多層膜は、その薄さに関わらず、優れた特性を示すことがわかる。

参考文献
1) A. Shida, H. Sugimura, M. Futsuhara, O. Takai : Surf. Coat. Technol. 169–170 (2003) 686
2) 志田あづさ：名古屋大学博士学位論文（2004）

▶ 9.1.8 大気圧プラズマ

大気圧プラズマというと、以前は、アーク放電などで形成する高温プラズマ（熱プラズマ）を意味していた。近年、大気圧下でグロー放電が形成できることが判明し、最近では、低温の大気圧グロー放電プラズマを、短く大気圧プラズマということが多くなった。

大気圧プラズマは、真空容器、真空ポンプなどの真空関連装置が不要、高密度プラズマの生成が可能など、従来の低圧プラズマに比べ、コスト低減や高機能な応用可能性への期待から注目されている。特に、多くの企業が各種プラズマプロセスへの応用開発を期待している。

大気圧グロー放電プラズマ生成には、誘電体バリヤ放電（DBD）、高周波放電、パルス放電、マイクロ波放電などの方法が開発されている。

一方、大気圧下でプラズマを発生するため、空気を放電ガスに用いる場合には問題がないが、ヘリウム、アルゴンなどのガスを用いる場合には、これらを大量に使うことがある。このためコスト低減につながらないおそれもあり、前もっての検討が必要となる。この場合、ガスの再利用、低コストガスの導入なども検討されている。

空気を放電ガスとする大気圧プラズマによる表面改質は、産業界で有用な応用分野となっている。CVD（化学蒸着）の場合、同じ原料を用い低圧で作製した場合と比べ、作製膜の性能が同等あるいは同等以上にならないことがある。このため、応用面において過大な期待は慎まなければならないが、基礎的な研究の進展とともに、今後、改良がなされることと期待される。

現在、大気圧プラズマ技術は、プラスチックフィルムの表面改質など、実

表9.2 大気圧プラズマの応用分野

応用分野	応用例
分光分析	発光分光分析光源
プラズマ電気分解（プラズマエレクトロリシス）	化学反応、分析、材料合成
光源	エキシマランプ
	極端紫外線（EUV）源
ガス発生・リフォーム	オゾン発生、水素発生、ガス分解、ガス生成（メタノール合成）
環境	排ガス処理、空気浄化
	有害物分解・除去
	水処理、廃液処理
	藻類等処理
材料プロセシング	表面改質
	洗浄
	CVD（化学蒸着）【無機系CVD、シリコン系CVD、DLC（ダイヤモンドライクカーボン）・CVD、有機系CVD、CVDロールコータ、マイクロ・ナノCVD】
	エッチング
	マイクロ/ナノ加工
	CNT（カーボンナノチューブ）・ナノ粒子合成
バイオ・医療	バイオセンサ、ヘルスケア応用
	プラズマ医療
	遺伝子導入、DNAターゲッティング
	滅菌
	種子処理

際の生産現場において使われおり、有用性を発揮している。また、今までプラズマに直接関連してこなかった、医療、農業などいろいろな分野において、新しいプロセス開発につながる可能性を秘めている。

現在考えられている産業応用の分野を**表9.2**にまとめた。この表に記載以外の新しい応用も考えられており、今後の発展が大いに期待される。

参考文献
1) 日本学術振興会プラズマ材料科学第183委員会編：大気圧プラズマ　基礎と応用，オーム社（2009）
2) 小駒益弘監修：大気圧プラズマの生成制御と応用技術　改訂版，サイエンス＆テクノロジー（2012）

▶ 9.1.9　3次元イオン注入

　主として半導体産業で使用されているイオン注入装置は、平面基板に対する、一方向からのイオンビームの照射を用いている。この装置は、ドリル、歯車、ピストンリングなど3次元的に複雑形状の基板（基材）にイオン注入するには適していない。このため、3次元的に複雑形状の基板にイオン注入する方法が考案された。**図9.18**に示すように、高密度プラズマ中に基板を設置し、基板に負のパルスバイアス電圧を掛けることで、プラズマからのイオンを直接注入することができる。3次元イオン注入の方法である。1986年アメリカで開発され、PSII（plasma source ion implantation）あるいはPBII（plasma based ion implantation）と呼ばれている。

　高密度プラズマをECR放電により形成する3次元イオン注入装置を、**図9.19**に示す。この装置を用い、CH_4をプラズマガスとし、負のパルスバイアスを基板に与えることで、イオン注入とCVDを交互に行い、DLC膜を形成した。このようにして、**図9.20**に示すように、ドリルのエッジ部分にも均一に被覆できることが判明した。

　3次元イオン注入は、複雑形状の基板にイオン注入あるいはイオン注入と組み合わせたCVD膜を形成するのに適している。大型複雑形状基板に対しては、大型の真空装置およびプラズマ電源が必要になり、経済的に適しているかの検討が必要である。

9.1 コーティング法・装置

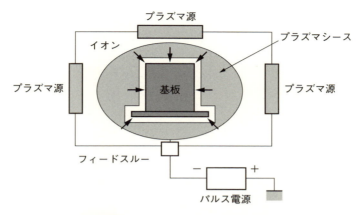

図9.18 3次元イオン注入装置模式図

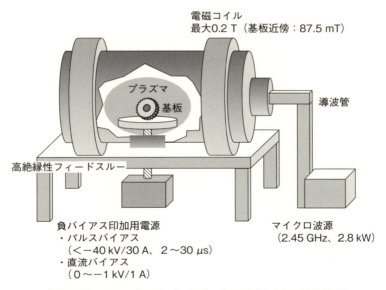

図9.19 ECRプラズマ源を用いた3次元イオン注入装置

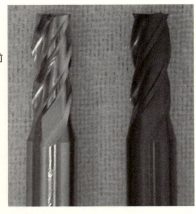

DLCコーティング前　　　　　　　　DLCコーティング後

図9.20 3次元イオン注入装置によりDLC膜コーティングを施したドリル

参考文献
1) J. R. Conrad, J. L. Radtz, R. A. Dodd, F. J. Worzala, Ngoc C. Tran : J. Appl. Phys. **62**, 4,591 (1987)
2) T. Watanabe, K. Yamamoto, O. Tsuda, A. Tanaka, Y. Koga, O. Takai : Diamond Relat. Mater., **12**, 2,083 (2003)
3) 渡辺俊哉：名古屋大学博士学位論文 (2003)

▶ 9.1.10　デュアルマグネトロンスパッタリング

　窓ガラスなど大面積基板に反応性スパッタリングで成膜する場合、大面積のターゲットを使用するが、使用中に異常放電（マイクロアーキング）が生じ、均一な成膜ができなくなることがある。これを防ぐため、直流電源にプラス電圧をパルス印加し、アーク放電を防ぐ異常放電防止装置やアーク検出・制御装置などが販売されている。

　ドイツのフラウンフォーファー研究所では、異常放電を起こさないスパッタリング方式として、デュアルマグネトロンスパッタリング法を開発した。これは、**図9.21**に示すように、2つの同等なターゲットを用意し、パルス電源を用い、2つのターゲットに交互に電圧を印加し、スパッタリングを起こさせることで、異常放電を防止している。

　この方式を用いることにより、SiO_2、TiO_2、Al_2O_3、Si_3N_4などの薄膜が、反応性スパッタリングにより、高速で成膜されている。

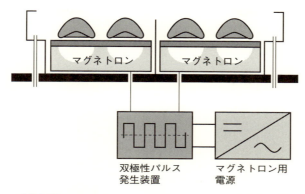

図9.21 デュアルマグネトロンスパッタリング装置

9.2 薄膜の構造・評価

▶ 9.2.1 アクティブスクリーン・低温直流プラズマ浸炭処理

　オーステナイトステンレス鋼は、高耐食性、耐熱性、非磁性といった特徴を示し、家庭用品、建築内外装材などに広く使用されている。このオーステナイトステンレス鋼については、他の鋼種に比べ、硬さ並びに耐摩耗性が不十分なことが課題である。

　この課題を解決する手法として、1985年、1986年に低温熱処理における拡張オーステナイト相（S相）の発見があった。このS相を効率よく形成することで、上記オーステナイトステンレス鋼の課題は解決できる。ただし、このS相形成の条件を見いだし、S相の厚さと機械的特性の相関性の解明などを明らかにすることが重要である。

　浸炭、窒化によるオーステナイトステンレス鋼の表面改質には、(1) 不働態層の除去、(2) クロム炭化物（$Cr_{23}C_6$など）、クロム窒化物（CrN）の形成防止が課題である。$Cr_{23}C_6$、CrNなどの形成は、粒界腐食を起こし、耐食性を低下させる。

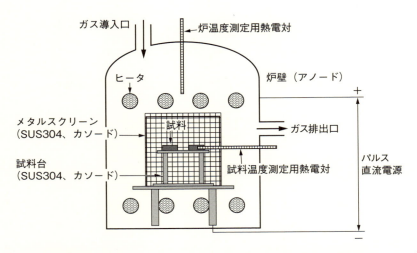

図 9.22 アクティブスクリーン・低温直流プラズマ浸炭処理装置

このため、図 9.22 に示すアクティブスクリーンを併用させた直流（DC）プラズマ浸炭法を開発し、上記課題を解決することにした。鋼材には SUS304 および SUS316 を用い、Ar、H_2 混合ガスプラズマによる洗浄後、CH_4、H_2 混合ガスによるアクティブスクリーン DC プラズマ浸炭を行った。炉内圧力 40 Pa、処理温度は、340、460、560 ℃、処理時間 3 時間である。

この結果、460 ℃、CH_4 ガス比が 17.6 Vol％以下（最適は 10.5 vol％）で S 相の形成が可能で、S 相の硬さは固溶炭素濃度に比例することがわかった。その硬さは、同じ炭素濃度のステンレス鋼よりも高く、図 9.23 に示すように耐摩耗性も向上した。この処理により、耐食性、耐摩耗性に優れた浸炭処理が行え、処理鋼の超音波洗浄機、食品製造設備、医療分野などへの利用が期待される。

参考文献

1) 里見宣彦, 金山信幸, 渡邊陽一, 高井　治：熱処理, **56**, 352（2016）
2) N. Satomi, N. Kanayama, Y. Watanabe, O. Takai：Mater. Trans. **58**, 1,181（2017）
3) 里見宣彦：関東学院大学博士学位論文（2018）

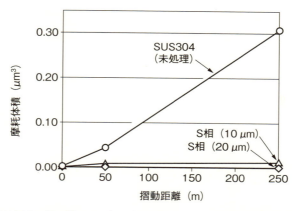

図 9.23 SUS304 鋼に施したプラズマ浸炭による S 相形成の摺動摩耗への効果

▶ 9.2.2 斜め堆積法

薄膜の性質を変える方法として、1種類の材料の薄膜（単層膜）を用いるのではなく、異種の材料の薄膜を組み合わせた多層膜を用いることができる。

一方、多層膜を用いずに、1種類の材料の薄膜において、薄膜の形、すなわち構造を変えることで性質を変えることができる。スパッタリングの場合、図 3.10 に示したように、成膜時の圧力および基板温度を変えることで、形成する薄膜の構造が変化し、それに伴い、形成される薄膜の性質も異なってくる。これ以外に、斜め堆積を用いることで、**図 9.24** に示すように薄膜の構造

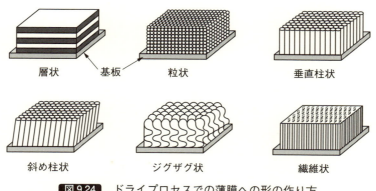

図 9.24 ドライプロセスでの薄膜への形の作り方

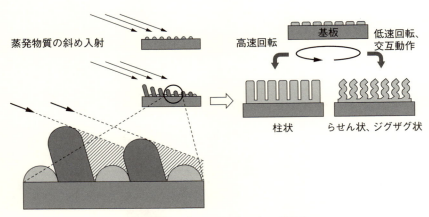

図9.25　自己シャドーイング効果

を変え、その性質を変化させることができる。

　蒸着、イオンプレーティング、スパッタリングにおいて、通常、薄膜の元となる原料流速は、堆積する基板に対し直角になっている。これとは異なり、原料流速に対し、基板を斜めに設置し、成膜を行う「斜め堆積法」がある。図9.25に示すように、原料は基板に対し、ある角度をもって入射するため、シャドーイング効果によって、柱状晶間に微小な隙間のある構造が形成される。さらに、基板の角度を逆に振ることでジグザグ状の薄膜、また基板を回転させることでらせん状の薄膜を形成することも可能となる。

　真空度の高い真空蒸着においては、この効果が顕著に発現されるが、真空度の低いイオンプレーティングおよびスパッタリングにおいても、鮮明さは劣るが、この効果が発現できる。表面積の大きな薄膜を形成する、あるいはばね的な性質を持った薄膜を形成するような場合などに役立つ。

　図9.26に反応性イオンプレーティングの場合、図9.27に反応性スパッタリングの場合の斜め堆積の装置を示す。斜め堆積の反応性イオンプレーティングにより形成したInN薄膜の写真を図9.28に、斜め堆積の反応性スパッタリングにより形成したInN薄膜の写真を図9.29に示す。

　このように、空隙の大きな薄膜が作製されている。InN薄膜のエレクトロクロミック現象は、表面反応により、表面積の大きな薄膜の色変化が大きくなる。図9.30に反応性イオンプレーティングの場合の色変化につき、斜め堆

9.2 薄膜の構造・評価

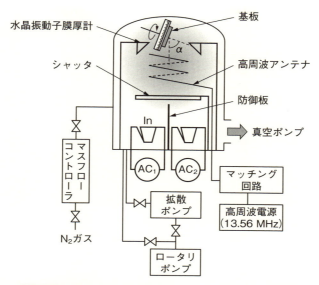

図9.26　斜め堆積用反応性イオンプレーティング装置

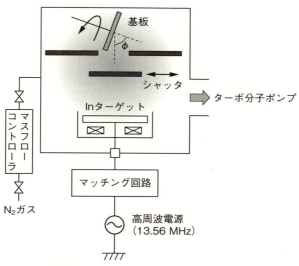

図9.27　斜め堆積用反応性スパッタリング装置

243

第9章 ドライプロセスの最新技術・研究

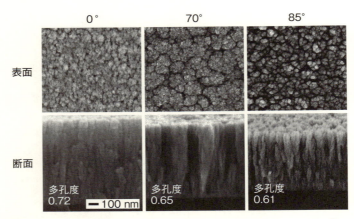

図9.28 斜め堆積反応性イオンプレーティングで形成したInN薄膜のSEM写真による膜構造と傾斜角度との関係

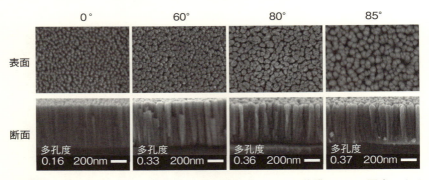

図9.29 斜め堆積反応性スパッタリングで形成したInN薄膜のSEM写真による膜構造。傾斜角度との関係

積効果を示す。斜め堆積で作製された膜の方が、色変化が大きいことがわかる。また、**図9.31**に示すようなジグザグ状の薄膜も比較的低い真空条件下で作製できる。このように、斜め堆積を用いることで、同じ材料でも性質を変化させた薄膜が形成できる。

参考文献

1) 齋藤永宏, 井上泰志, 高井 治：応用物理, **75**, 196 (2006)

9.2 薄膜の構造・評価

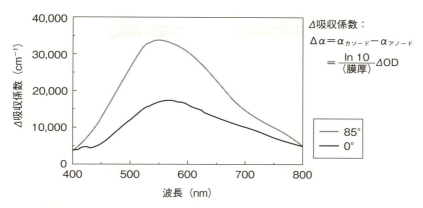

図9.30 InN薄膜エレクトロクロミック現象における傾め堆積の角度依存性

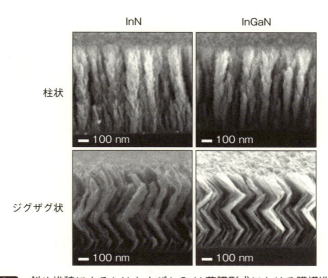

図9.31 斜め堆積によるInNおよびInGaN薄膜形成における膜構造変化

2) 井上泰志, 高井　治：真空, **59**, 191 (2009)
3) 井上泰志, 高井　治：表面技術, **61**, 209 (2010)
4) 井上泰志, 高井　治：材料の科学と工学, **49**, 162 (2012)
5) 井上泰志, 高井　治：材料の科学と工学, **51**, 130 (2014)

▶ 9.2.3 窒化炭素薄膜

1989年、LiuとCohenは、第一原理擬似ポテンシャル計算により、β-Si_3N_4（六方晶系）のSiをCに置き換えた構造の物質、β-C_3N_4の体積弾性率を計算した。この計算値は427 GPaとなり、ダイヤモンドの実測値442 GPaに匹敵する高い値であつた。この結果、β-C_3N_4はダイヤモンドに匹敵するか、あるいはダイヤモンドよりも硬い材料になり得るのではないかと予測された。この計算後、β-C_3N_4薄膜の作製が多く研究された。

理論的には、1995年のGuoとGoddardのクラスタモデルに関するab initio計算では、β-C_3N_4よりα-C_3N_4（α-Si_3N_4（三方晶系）のSiをCに置き換えた構造、ただし窒素原子位置は全く同じではない）の方が化学的に安定であり、α-C_3N_4の体積弾性率は189 GPaと低い値である。

カソードアークイオンプレーティング、直流スパッタリング、熱フィラメントCVDなどの方法で、窒化炭素薄膜の作製を行った。カソードアークイオンプレーティングの場合、N_2ガスを装置内に導入し、高純度グラファイトターゲットをカソードとし、直流窒素アークプラズマを発生させた。高密度プラズマの熱により、カソード表面より炭素原子およびクラスタが蒸発する。これらの粒子は、プラズマ中を通過して基板上へ到達する過程でイオン化し、活性な窒素と反応し、さらに、基板に到着した後に基板上においても窒化される。

このプロセスにおいては、粒径がマイクロメータのオーダーに及ぶ溶融炭素粒子もまたターゲット表面から生成されるため、カソードと基板との間に防御板を置き、この粗大粒子の影響を防いでいる。アーク電流60 A、N_2圧力1 Pa一定の条件で、基板バイアス電圧を0～-700 Vに変化させて窒化炭素膜を作製した。バイアス電圧により膜中の窒素/炭素原子（N/C）比は、0.15～0.32の範囲で変化した。-100 Vよりバイアス電圧の絶対値が大きくなると、N/C比は減少する。また形成速度は4～14 nm/minの範囲であつた。作製膜（膜厚：150 nm一定）のダイナミック超微小硬度を測定し、永久押し込み硬さで評価した結果を**図9.32**に示す。比較のため、シリコン（100）基板（ヌープ硬度は約1,400）の硬さも図中に示した。バイアス電圧0 Vではシリコン基板より軟らかいが、バイアス電圧とともに上昇し、-200～-500 Vで大きな押し込み硬さを示す。シリコン基板の2倍以上の硬さである。膜の

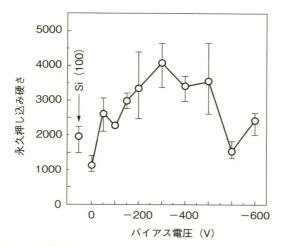

図 9.32 窒化炭素薄膜の永久押し込み硬さとバイアス電圧との関係

構造および組成を、X線回折、ラマン分光、赤外分光およびXPSにより調べた。

この結果、構造的にはアモルファスであり、同じ装置で作製したダイヤモンドライクカーボン（DLC）膜より、大きな格子不整が存在している。作製膜のXPSNlsスペクトルを図9.33に示す。バイアス電圧0Vでは、いくつかの窒素原子は芳香環を構成する炭素原子と置換しており、グラファイトライクなドメインが一部、ピリジンライク（P）なドメインに変化している。他の窒素原子は、芳香環の炭素原子と結合しており、アニリンライク（A）なC–N結合が形成されている。この膜はsp^2平面構造を取るため、シリコン基板より軟らかい。

バイアス電圧の絶対値が大きくなるにつれ、ピリジンライク（P）な結合およびアニリンライク（A）な結合は減少し、またニトリルライク（N）な結合も減少する。この結果は、赤外分光による結果とも対応している。バイアス電圧が大きくなると、Nlsスペクトルは2つにわかれる。高エネルギー側のピークは、アニリンよりも窒素原子近傍の電子密度が低い状態の存在を示している。このピークが膜の硬さ、すなわち3次元的なC–N構造の形成に関連している。

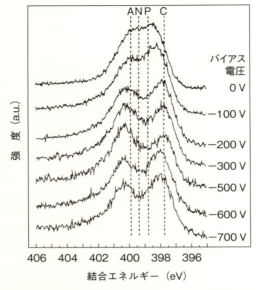

図9.33 窒化炭素薄膜のXPSN1sスペクトルのバイアス電圧による変化。Aはアニリン、Nはベンゾニトリル、Pはピリジンおよび Cは分裂したピリジン環の場合のケミカルシフトしたピーク位置を示す

　一方、低エネルギー側のピークは、ピリジン環の分裂（C）による分極したイオン結合によっている。この場合、予測された β-C_3N_4 より C/N 比のはるかに小さい、アモルファスの膜しかできていない。しかし、その硬度は大きく、新しい硬質材料としての応用が期待できる。反応性スパッタリングでは、C/N 比が1を超える膜も作製できている。

参考文献

1) A. Y. Liu, M. L. Cohen : Science **245**, 841 (1989)
2) Y. Guo, W. A. Goddard III : Chem. Phys. Lett. **237**, 72 (1995)
3) 瀧優介，高井治：表面技術 **47**, 407 (1996)
4) 高井　治：応用物理，**65**, 1,253 (1996)

▶ 9.2.4　薄膜の耐摩耗性評価

　薄膜の耐摩耗性評価には、ボールオンディスク試験が多く使用されている。

9.2 薄膜の構造・評価

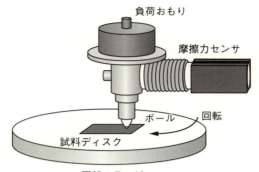

図 9.34 ボールオンディスク摩耗摩擦試験機の模式図

図 9.34 に示すように、回転ディスク上に固定された円盤状の試料にボールを介して、おもりにより一定の垂直荷重を掛け、ディスクの回転により発生する摩擦力をセンサで計測する。摩擦力と負荷荷重とから摩擦係数が算出される。摩擦係数と走行距離の関係をグラフ化し、耐摩耗性を評価する。

この他、ボールの代わりにピンにした、ピンオンディスク試験、走査型プローブ顕微鏡を用いた摩耗試験などがある。

▶ 9.2.5 薄膜の膜厚評価

薄膜の膜厚評価法を述べよう。薄膜の厚さといっても、1 原子層にならない状態の薄膜もあり、この場合の膜厚は定義できない。1 原子層以上になっても、3 次元的に膜は平滑な基板に対し、平行に成長しているわけではない。凹凸を形成しながら、また、ある場合では欠陥を生じながら膜は成長している。厚さを 2 つの平行面間の距離とすると、これにより膜厚とは何かと考えると難しい問題になる。

実用的には、凹凸を含め、基板表面と薄膜表面の距離の平均的な値を膜厚としている。膜厚測定法は、形状膜厚測定法、質量膜厚測定法、物性膜厚測定に大別され、この中に各種方法がある。よく使われている膜厚測定法には下記の方法がある。

（1）触針法およびレーザ法

表面粗さ計を用い、基板と段差を設けた薄膜の表面を針でなぞって針の動

きを拡大し、表面の形状を求めることにより膜厚を算出する方法を触針法という。最近では、針でなぞる代わりに、レーザ光でなぞって表面の形状を求めるレーザ法も使われている。また、極薄い膜についついては、走査型プローブ顕微鏡での測定も行われている。

（2）マイクロ天秤法

薄膜形成前後の基板の質量をマイクロ天秤などで測定し、質量差を基板の大きさ、形成物質の密度を用いて算出する。通常、薄膜の密度は、欠陥などにより、その物質のバルク状態の密度とは異なるため、おおよその値となる。

（3）水晶振動子法

水晶振動子マイクロバランス（QCM、quartz crystal microbalance）は、水晶振動子の周波数変化から基板上での質量変化を捉えることができる。この質量変化を膜厚変化に換算することで、膜厚が求められる。真空成膜装置内に設置し、膜厚変化を時々刻々と測定することができる。

（4）光学的測定法

基板からの反射率の分光特性を測定し、膜厚変化を測定する反射率分光式膜厚計、干渉対物レンズを使用し、白色光を照射し、基板表面での反射光と干渉対物レンズ内の参照鏡での反射光との干渉縞像を解析する白色干渉式膜厚計、偏光を利用したエリプソメータなどが使用されている。

▶ 9.2.6 薄膜の密着性評価

薄膜の密着性を、機械的試験法の観点から評価する方法を述べる。

（1）ピール試験（peel test）（引き剥がし試験）

引張試験機で基板を固定し、薄膜の一端をマイクロピンセットで挟み、このピンセットを引張って、薄膜を基板から引き剥がし、それに要する力を測定する方法である。定量的な測定が行え、広く使われている。

テープ試験も引き剥がし試験の一種であり、相対的評価の簡便な方法である。薄膜に粘着テープを貼り付け、この粘着テープを剥がすことで、薄膜が基板に残っているかいないかで評価する。また、薄膜に碁盤の目状の刻みを入れ、これに粘着テープを貼り付け、この粘着テープを剥がし、碁盤の目がいくつ残ったかで評価する方法もある。

（2）引張試験

薄膜に接着剤で棒などを貼り付け、引張試験機で、この棒を引張ることで、剥れた瞬間の力を測定する。接着剤より強い密着性に対しては評価できないが、定量的な評価ができる方法である。

（3）スクラッチ試験

テーブル固定した基板上の薄膜に、ダイヤモンド圧子を密着させ、徐々に荷重を増やすと同時にテーブルを一定速度で移動させ、その時の現象（クラック、剥離など）を光学顕微鏡などで観察し、変形現象の生じた時点の臨海荷重で評価する方法である。破壊現象を観察するため、破壊音をアコスティック・エミッション（AE）装置で検出することも行われている。

この他、押し込み試験、引倒し試験など、各種方法が開発されているが、密着性を正確に評価することは難しい。

▶ 9.2.7　薄膜の内部応力評価

基板に薄膜を堆積させると、薄膜材料と基板材料の熱膨張係数の違い、発生する格子欠陥など、いろいろな条件により、薄膜内部に応力が発生する。このため、基板は反ることになる。場合によっては膜が基板から剥がれたり、膜にひびやしわが生じたりする。この内部応力（残留応力ともいう）が引張応力の場合には、図 9.35(a) に示すように、膜は収縮し、膜面は凹にひずむ。逆に、圧縮応力の場合には、薄膜を同図(b) に示すように、膜は伸び、膜面は凸にひずむ。引張応力の場合をプラス、圧縮応力の場合をマイナスとする。基板の反りからすると、内部応力がゼロで反らない場合が理想であるが、この状態に保つのは難しく、内部応力を小さくするために、いろいろな工夫がなされている。

薄膜の内部応力

図 9.35　薄膜の内部応力と基板の変形

内部応力の起源としては、下記の2つが考えられてきた。
(1) 熱応力
薄膜材料と基板材料の熱膨張係数の差、成膜時と成膜装置から取り出したときの温度差により生じる応力である。熱応力 σ_{th} は下記の式により計算できる。

$$\sigma_{th} = E_f \Delta\alpha \Delta T$$

ここで、E_f は薄膜のヤング率、$\Delta\alpha$ は薄膜と基板の熱膨張係数の差、ΔT は成膜時と測定時の温度差である。成膜時の温度の正確な値を求めることが難しい。

(2) 真応力(真性応力ともいう)
薄膜成長時のひずみや構造変化などにより生じる応力である。

成膜時の温度が正確に測定できれば、熱応力を求めることができるが、難しい場合が多い。

内部応力を測定する方法は種々開発されてきた。主な測定方法を下記する。なお、下記の方法から熱応力を引いたものが真応力になるが、熱応力の正確な測定は難しい。

(a) 基板の変形から求める方法

図9.36 の片持ち梁を考える。この際の薄膜の内部応力は下記の式で与えられる。基板のひずみ量が測定できれば、下記のような計算により、内部応力 σ が求まる。

まず、基板に反りが生じた際の反りの曲率半径 R は

$$R = \frac{E_s d^2}{6(1-\nu_s)S}$$

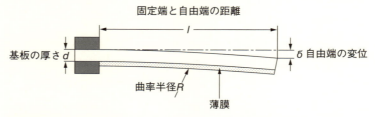

図9.36 薄膜の内部応力により変位した基板状態(片持ち梁モデル)

で与えられる。ここで、全応力 S, t_f は基板の厚さ、d は基板の厚さ、E_s は基板のヤング率、ν_s は基板のポアソン比である。これより、σ は

$$\sigma = \frac{S}{t_f} = \frac{E_s d^2 \delta}{3(1-\nu_s)l^2 t_f}$$

で求まる。ここで、同図において、基板を保持している位置から距離 l にある基板の自由端の変位を δ とする。この式は、ストーニー（Stony）の式と呼ばれ、よく使われる。

反りの測定には、触針式あるいは非接触式の表面形状測定機、レンズ用光学的曲率測定装置などが使用できる。

(b) X 線回折を用いる方法

多結晶薄膜の場合に使用できる。X 線回折装置にて X 線回折図形を測定する。内部応力による格子ひずみを、θ–2θ の X 線回折法による図形から、X 線に対し試料を傾けながら測定することで求める。詳しくは参考文献を参照いただきたい。

参考文献

1) G. C. Stoney : Proc Roy. Soc., **A82**, 172（1909）
2) 田中啓介：表面技術, **43**, 624（1992）
3) 馬来国弼：応用物理, **57**, 1856（1998）
4) 岩村栄治：まてりあ, **54**, 607（2015）

▶ 9.2.8 プラズマ CVD における薄膜堆積過程の解析

各種成膜装置において、薄膜の堆積過程を研究することは、より優れた膜の形成において重要である。

有機シリコン化合物と酸素を原料に、プラズマ CVD によるシリカ膜の堆積過程を検討したので、紹介する。

反応容器において、有機シリコン分子が分解などの各種反応を起こす。その素過程を解析する。反応は、(1) 気相中、(2) 基板表面、(3) 堆積した薄膜内部で起きる。解析には図 9.37 に示すリモート方式の高周波誘導結合方式によるプラズマ CVD 装置を用いた。上記の 3 種類の反応に対し、解析方法を述べる。

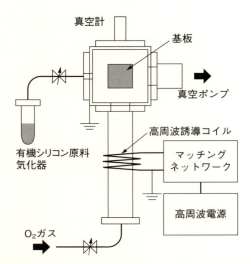

図 9.37 リモート式高周波プラズマ CVD 装置の概略図

(1) 気相反応過程

図 9.38 に示す四重極質量分析装置を用いて解析を行った。有機シリコン分子は、Si にメチル基、エチル基、また酸素を分子中に 1 個含むメトキシ基、エトキシ基などが結合している。この原料に酸素を混ぜ、CVD を行うことで比較的高純度の SiO_2 膜が形成できる。ここでは、テトラメチルシラン（TMOS；$Si(OCH_3)_4$）を原料にした場合の結果を示す。反応器に導入された有機シリコン分子はほとんどが解離しており、未解離のものは数％である。

プラズマ中では、質量の比較的小さな化学種として存在している。Si を含む化学種としては、原子状 Si、SiO、SiH、SiCHx などが、Si を含まない化学種としては、H、O、CH_2、CHx、OH、H_2O、CO、CO_2 などが考えられる。このうち、H、O、H_2、CH、OH、CO については、プラズマ発光測定によっても検出されている。質量の大きなクラスタは密度が小さい。このため、膜の前駆体としては、Si、SiHx、SiOx がその候補として挙げられる。このように、反応の前駆体が推定できる。

(2) 表面反応過程

この解析には、プラズマ中で生成した化学種が基板表面にどのように入射

9.2 薄膜の構造・評価

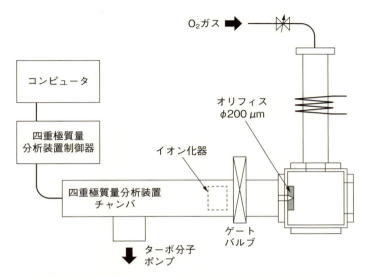

図 9.38 高周波プラズマ CVD-質量分析装置の概略図

し、どのように動き回り、基板と反応するか（基板に固着するか）が重要となる。この際、化学種の付着確率を求めることが必要になる。プラズマ CVD では、「基板への入射→表面マイグレーション→結合形成」といった単純な図式では理解できず、「表面-気体粒子間の反応」を解析することも重要である。プラズマ中では、ラジカルという不対電子を持った化学種が、反応に大きな寄与をしている。

このような表面反応の解析に、**図 9.39** に示す赤外反射吸収分光を行う。CH_x ラジカルが多いとこれが残留し、Si—CH_x という終端構造が生成する。このため、Si—O—Si のネットワークが成長しにくくなり、純度の高い SiO_2 ができない。

酸素分子が存在する条件では、—CH_x の終端構造を酸化する。この酸化過程が、**図 9.40** に示す赤外反射吸収スペクトルに表されている。酸化された—CH_x 基は、CO_x あるいは H_xO の形で気相へ脱離し、表面から除去される。スペクトル中の C=O および C—O 結合による吸収バンドに現れている。この反応解析では、反応に寄与するラジカルの同定あるいは推定と、表面反応生成物の時間的解析が重要となる。

第9章　ドライプロセスの最新技術・研究

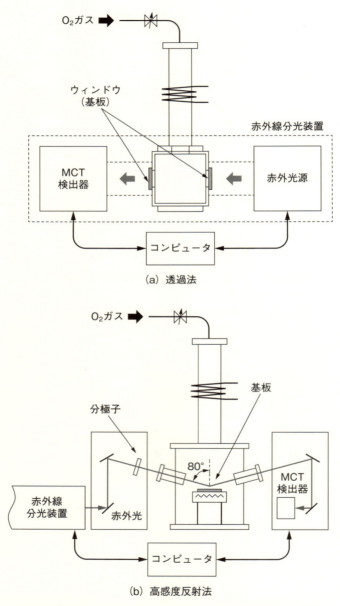

図9.39　高周波プラズマCVD-赤外吸収分光装置の概略図

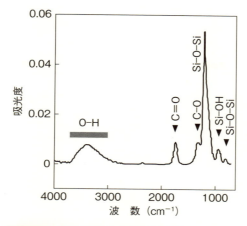

図 9.40 酸化過程の赤外反射吸収スペクトル

（3）堆積膜内反応過程

　堆積膜に取り込まれた化学種は、取り込まれたままの状態を保つわけではなく、隣接する原子や官能基と反応を起こすことがある。特に、終端構造をなす官能基は束縛が弱く、容易に動き反応を起こしやすい。表面からの深さ、基板温度などの要因も寄与する。検討している反応においては、気相中に多くの H ラジカルが生成し、表面上で Si―OH 終端を形成しやすい。

　この―OH 基は、近接する―OH 基と脱水縮合反応を起こし、Si―O―Si 結合を形成する。この Si―O―Si 結合の形成により純度の高い SiO_2 膜が形成できる。**図 9.41** に、室温で成膜した Si―OH 基を含む SiO_2 膜を真空中で加熱しながら測定した赤外吸収スペクトルを示す。

　温度が上がるにつれ、膜内の Si―OH 基が減少し、Si―O―Si 結合が増加していくことがわかる。Si―OH 基同士の脱水縮合反応がたかだか 100 ℃ 程度の温度で進行することから、熱エネルギーより高いエネルギーをプラズマから様々な形で受け取っていることが推測できる。このように、堆積膜中の反応も解析することが重要である。

　この他、プラズマ中で基板に負のバイアスを印加することで、プラズマ中で生成した正イオンを積極的に膜表面に導入し、イオンの衝撃を利用する方法がある。このような場合でも、上記の解析方法は有効になる。

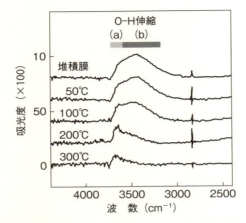

図 9.41 室温で成膜した Si—OH 基を含む SiO_2 膜の真空中加熱後の赤外吸収スペクトル

参考文献
1) 井上泰志：名古屋大学博士学位論文（2000）
2) 井上泰志, 高井 治：プラズマ・核融合学会誌, **76**, 1068（2000）
3) Y. Inoue, O. Takai : Thin Solid Films, 316, 79（1998）
4) Y. Inoue, O. Takai : Thin Solid Films, 341, 79（1999）
5) Y. Inoue, H. Koike, T. Aihara, O. Takai : J. Photopoly. Sci. Technol., 30, 337（2017）

9.3
応用技術

▶ 9.3.1 ダイヤモンド薄膜の作製

真空容器内で、メタン（CH_4）と水素（H_2）混合ガスを導入し、加熱したタングステンフィラメント直下に基板を置くことにより、基板上にダイヤモンド薄膜が形成することがわかった。

これまで、ダイヤモンド合成は高圧法により行われてきた。GE において、1954 年、金属触媒を用い、グラファイトを、約 2,000 ℃以上、圧力 10 GPa 以

上に保つことにより、ダイヤモンドに変化させることに成功した。状態図からも、ダイヤモンド合成には、高温高圧は必須と考えられてきた。

これに対し、真空下で、1,000℃以下の低温でダイヤモンド合成が行われたことは驚くべきことであった。ダイヤモンドの粒子径はマイクロメーターレベルで小さいが、膜として形成した。

この後、マイクロ波放電を用いた合成、燃焼炎を用いた合成、さらに原料としてアルコールを用いた合成など、新規なダイヤモンド合成法が次々と誕生した。現在では、10 cm径を超える基板にダイヤモンド薄膜が形成できている。また、Bなどの添加により導電性のダイヤモンド薄膜や半導体として使用可能なダイヤモンド薄膜まで作製されている。

▶ 9.3.2 パルスプラズマ応用技術

近年、パルス電源の発達に伴い、表面技術分野で、パルスプラズマを応用した技術が発展し、PPST（pulsed plasma surface technologies）と呼ばれている。

PPSTの特徴として、①高速堆積、②大面積形成、③アーク放電の抑制、④粒子形成の抑制、⑤密着性の向上、⑥結晶構造の制御、⑦内部応力の低下、⑧長運転時間などが挙げられる。

PPSTは、下記の分野で応用されている。

（1）パルスマグネトロンスパッタリング

建材用ガラス、ディスプレイ用ガラス、プラスチックフィルムへの酸化物、窒化物などの薄膜形成と性質の向上。

（2）パルスプラズマCVD

工具、キャパシターフィルム、装飾コーティング、食品パッケージなどへの酸化物、窒化物などの薄膜形成と性質の向上。

（3）パルスレーザデポジション

電子工学分野での光学薄膜、保護膜、バリヤ膜などへの酸化物、窒化物、炭化物などの薄膜形成と性質の向上。

（4）パルスプラズマ窒化

硬さ、繰り返し疲労強度、耐摩耗性、耐食性などの向上が図れる。

(5) パルスバイアスの印加

イオンプレーティング、プラズマ CVD などで、基板にパルスバイアスを印加することで、形成膜の性質を向上させることができる。

このように、パルス電源を使用することにより、従来の方法を上回る特性の膜の作製、装置の操作性の向上などが図れる。

▶ 9.3.3 低真空・高速スパッタリング

通常、100 Pa 以上の低真空にてスパッタリングを行うと、密着性が悪く、緻密性に乏しい薄膜が形成する。直流マグネトロンスパッタリングにおいて、低真空下でホローカソード放電にて高密度プラズマを生成し、スパッタリングを行うことで、膜質に優れた高速スパッタリングを行う方法が開発された。

射出成形したプラスチック基板を、前処理室にて処理後、低真空スパッタリング室でコーティングすることで、1 分間程度の短時間で、密着性、平滑性、緻密性に優れた銅膜が形成できる。新しい高速成膜技術として注目される。ヘッドアップディスプレイ用ミラー、ヘッドランプ用リフレクタ、各種光学部品、ミリ波透過膜、めっきシード層、加飾膜などへの応用が図られている。

参考文献

1) 島津製作所,高速スパッタリング装置　UHSP-OP2060, UHSP-T2040H

▶ 9.3.4 超はっ水ナノ分子ペーパー

ポスター紙は、屋外で雨にぬれるとよれよれになってしまう。水に濡れてもよれよれにならない超はっ水紙ができないかとのことで、この作製に挑戦した。超はっ水膜を表面にコーティングすることによっても達成できるが、この場合、紙を切ると、切った個所から水がしみ込むようになる。これを防ぐため、紙を構成する繊維、一本一本にコーティングを施すことを試みた。

紙を親水化するため、VUV ランプ照射、あるいは大気圧プラズマ照射を行った。室温にて高速にはっ水性の自己組織化単分子膜（SAM）を紙の繊維にコーティングするため、この後、超音波噴霧にて触媒を被覆し、次いで SAM を被覆した。これにより、普通紙が超はっ水紙に変換した。ポスター

紙を対象とするため、A2 サイズの紙に、1 時間で 2,000 枚処理できる装置を開発した。これにより、色差が小さく、高い耐摩耗性を示す超はっ水紙が誕生した。ナノ分子のコーティングを用いているため、超はっ水ナノ分子ペーパーと名付けた。この方法により、折り紙が超はっ水状態に変わり、『ふしぎなおりがみ』（竹田印刷株式会社販売）として上市した。

SAM の大面積、高速コーティングを用いており、この方法は他の分野にも応用可能である。

▶ 9.3.5 透明超はっ水ペットフィルム

透明なペットフィルムを、透明超はっ水ペットフィルムに変換する方法を開発した。透明なペットフィルム上に、プラズマ CVD にて透明超はっ水シリカ膜をコーティングすることで、透明超はっ水ペットフィルムができる。この方法ではなく、自己組織化単分子膜（SAM）を用いる方法を述べる。

ペットフィルムを酸素プラズマで処理すると、表面に高さ約 25 nm の微細な突起が、約 65 nm の間隔でランダムに形成する。この突起形成では、透明性は変化しない。この突起のできた表面に、フルオロアルキルシランの自己組織化単分子膜を CVD で形成する。表面はフルオロ基で覆われ、はっ水性となり、この微細突起構造との組み合わせで超はっ水性を示す。図 9.42 に透明超はっ水ペットフィルム上の水滴を示す。透明性を保ったまま、水をコロ

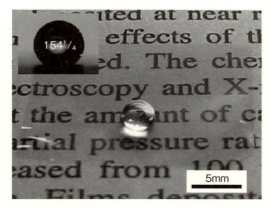

図 9.42　透明超はっ水ペットフィルム上の水滴

コロはじく。このようにして、透明超はっ水ペットフィルムが誕生した。

参考文献
1) K. Teshima, H. Sugimura, Y. Inoue, O. Takai, A. Takano : Appl. Surf. Sci., **244**, 619 (2005)

▶ 9.3.6 分子線エピタキシー（MBE）

分子線エピタキシー（MBE；molecular beam epitaxy）は、超高真空装置において、何種類かの分子線を加熱した単結晶基板に入射させることによりエピタキシャル成長させ、単結晶膜を成長させる方法である。1969年、Arthur、Cho らにより、主として III-V 族化合物半導体のエピタキシャル成長法として提案された。

MBE 装置の一例を**図 9.43** に示す。分子線源には、通常、クヌーセン型の

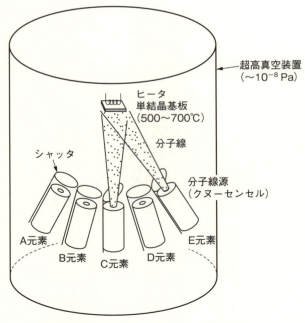

図 9.43 分子線エピタキシー装置の模式図

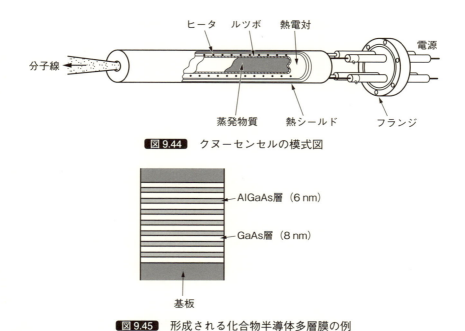

図 9.44 クヌーセンセルの模式図

図 9.45 形成される化合物半導体多層膜の例

蒸発源(クヌーセンセル)が抵抗加熱で用いられる。クヌーセンセルを**図 9.44**に示す。

図 9.36 の MBE 装置を用いることで、**図 9.45**に示すような半導体多層膜(超格子)が形成できる。膜厚の制御は、反射電子線回折強度を測定することで行われる。

MBE は金属多層膜の作製にも用いられるが、主として化合物半導体の多層膜の作製に用いられている。

▶ 9.3.7 有機金属気相エピタキシー(MOVPE)

GaN、GaAs、InP などの III-V 族化合物半導体のエピタキシャル成長に、有機金属気相エピタキシー(MOVPE;metal-organic vapor phase epitaxy)が使われている。MOCVD(metal organic chemical vapor deposition)と同じであるが、エピタキシャル成長に重きを置いている。

水素化物を形成しない III 族元素の原料として、有機金属化合物を使用す

る。In の原料として TMIn（TMI、trimethylindium）、Ga の原料として TMGa（TMG、trimethylgalium）、アルミニウムの原料として TMAl（TMA、trimethylaluminum）などが使われる。一方、V 族元素の原料としては、As には AsH_3（アルシン、arsine）、P には PH_3（ホスフィン、phosphine）、N には NH_3（アンモニア、ammonia）などが使われる。V 族の原料ガスは極めて危険であり、取り扱いには厳重な注意が必要である。

III 族元素と V 族元素の原料ガスを、CVD 装置内に供給し、加熱した基板上で反応させ、エピタキシャル成長を行わせる。

III-V 族化合物半導体以外にも、II-VI 族化合物半導体、酸化物超電導体などのエピタキシャル成長にも用いられる。

▶ 9.3.8 汎用 SEM による水滴および含水試料の観察

走査電子顕微鏡（SEM）は、高真空中での使用のため、水滴の観察は難しかった。環境制御型 SEM（E-SEM）が開発され、2500 Pa までガスを入れた状態での観察が可能になった。水の状態図を**図 9.46** に示す。同図より、水蒸気の圧力を 650 Pa 程度にし、温度を 0℃ 近くまで冷やせば水滴が観察できることになる。E-SEM では、試料室に水蒸気を約 650 Pa 導入し、試料温度を 0℃ に近づけることで、水滴が結露する状態を観察できる。

この E-SEM では、結露していく状態あるいは結露した状態の観察にとど

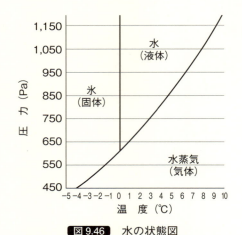

図 9.46 水の状態図

まり、大気圧下での水滴そのものを見ることはできない。最近、汎用SEMとして低真空下で使用できるSEMが開発された。このSEMを用い、水滴を観察する方法として、「アクアカバー法」が開発された。これは、着脱可能なアタッチメントを用い、液体状態の水滴を観察できる方法である。650 Paの圧力下で、ペルチェ素子を用いた冷却ステージと新開発のカバーを用いることにより、水滴そのものや水を含む試料の観察が行える。

図9.46の三重点付近に注目すると、圧力が650 Pa、温度が0℃～0.85℃であれば水は液相にあり、この状態に試料ステージを保てば、液体状態の水を観察できる。実際のSEMでは、真空排気の際の急激な圧力変化で、液体状態の水を維持することができない。このため、急激な圧力変化から試料表面を保護するためのカバーを設け、圧力が定常状態になってからカバーを外して、水滴あるいは含水試料の観察を行う。このカバーをアクアカバーと呼んでいる。

SEM観察の際のアクアカバーの動作手順を**図9.47**に示す。この簡易な方法により低真空下で使用可能な汎用SEMにより、各種試料表面での水滴の状態、また水を含む試料の表面観察が行えるようになった。

今後、いろいろな表面処理を施した基板上での水滴観察、乾燥過程観察、また各種含水試料のSEM観察に本手法を用いることができる。

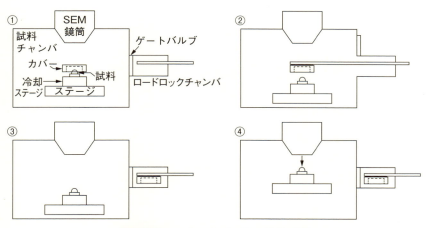

図9.47 アクアカバー法の動作手順

参考文献

1) 井上雅行：博士学位論文，関東学院大学（2019）
2) N. Inoue, Y. Takashima, M. Suga, T. Suguki, Y. Nemoto, O. Takai : Microscopy, **67**, 356（2018）
3) 井上雅行, 鈴木俊明, 高島良子, 須賀三雄, 高井　治：表面技術, **70**, 45（2019）
4) 井上雅行, 鈴木俊明, 高島良子, 朝比奈俊輔, 小野寺　浩, 高井　治：表面技術, **70**, 152（2019）

▶ 9.3.9　ソリューションプラズマ

（1）ソリューションプラズマとは

　気相、液相、固相の三相とプラズマとの関係を**図9.48**に示す。気相で生成するプラズマは、本書のドライプロセス表面処理で用いられているように、産業界の多くの分野で使用されている。これに対し、固相である金属中では、格子点にある金属正イオンの間を電子は自由に動き回っている。この電子は自由電子と呼ばれ、集団的に振動している。このような自由電子と金属正イオンの状態は、プラズマとみなすことができ、固相中のプラズマと呼べる。自由電子の集団的振動（プラズマ振動という）は電荷密度波として伝播する。この振動を粒子として量子化し、プラズモンと呼んでいる。

　金属表面に微細な構造が形成された場合や金属ナノ粒子の表面では、光が照射された場合、プラズモンが共鳴励起され、表面（局在）プラズモンが生

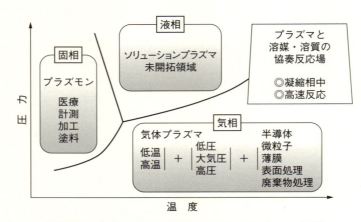

図9.48　気相，液相，固相の三相とプラズマとの関係

成する。この表面プラズモンと光との相互作用により、金属ナノ粒子は独特の色調を呈する。こういった現象は、表面（局在）プラズモン共鳴と呼ばれ、局在的に著しく増強された電場が生成する。この共鳴現象を、表面分析、表面加工、医療などに応用することができる。プラズモンを用いる学問分野は、電子を用いるエレクトロニクス、光を用いるフォトニクスに対し、プラズモニクスと呼ばれ、成長を始めている。

　これらに対し、液相中で生成するプラズマには注目が集まっていなかった。古くから、放電加工、水中溶接、放電浸炭、液体絶縁などの技術において、液中の放電現象を扱ってきた。ところが、その物理・化学的な基礎については、ほとんど研究がなされていなかったと言える。近年、プラズマ材料科学分野において、液中で生成するプラズマ（「ソリューションプラズマ（SP）」と呼ぶ）を、今世紀のコア技術とし研究を進めていく動向が、世界的に起きようとしている。

　ここで、ソリューションプラズマと名付けたのは、溶質と溶媒の組み合わせにより、無限の組み合わせの様々なプラズマを生じさせることができ、溶液（ソリューション）の重要性を強調するためである。

（2）ソリューションプラズマのモデルと生成方法

　ソリューションプラズマは液相中で発生させたプラズマであるが、プラズマとして従来のアーク放電、ストリーマ放電、コロナ放電ではなく、主としてグロー放電を用いる。

　ソリューションプラズマに注目する理由として、液相中のプラズマが気相中のプラズマとは異なった物理および化学を有していることが挙げられる。例えば、このプラズマは、超臨界状態を含む溶媒に取り囲まれた空間にて発生し、「高エネルギー状態」を溶媒に閉じ込めるという「閉鎖系の物理」を実現している。

　反応化学の面からは、プラズマと溶液間のやりとりにより、またパルス放電による振動現象のため、「新しい反応場」が実現できる。特に、パルス電源の使用によりグロー放電を実現でき、冷たいプラズマを冷たい溶液中に形成することができる。このため、ソリューションプラズマにより生まれる反応場は、溶液化学、電気化学、プラズマ化学にまたがるユニークな反応場となり、高速反応、新合成・分解反応、非平衡物質合成などが行える。

また、真空容器、真空ポンプなどが不要で、大気圧下でのプロセスとなり、さらに溶液自体がプラズマの容器となる。このようなソリューションプラズマの物理および化学は、プラズマ分野において未踏領域として存在している。今世紀を支える新しいプラズマ材料技術としてソリューションプラズマを利用していくためには、その基礎科学を解明し、高度に制御できるよう展開し、応用技術開発を進めていく必要がある。

（3）ソリューションプラズマ・プロセシング（SPP）

ソリューションプラズマを用いたプロセシングは、材料、化学、バイオ、電気電子、機械など多くの分野で期待される。ソリューションプラズマにより、「冷たいプラズマを冷たい溶液中に形成する」ことができ、新しい化学反応場を提供することができる。気相低圧プラズマとは違った物理・化学が実現でき、溶液自体が反応容器になるなどの特徴がある。大気圧グロープラズマを液相中に閉じ込めたのがソリューションプラズマとも言える。

ソリューションプラズマを用いた化学プロセスでは、従来の大規模な化学プラントとは異なり、小型の化学プラントの実現により、付加価値の高い材料合成をエネルギー効率よく行うことも可能になる。ソリューションプラズマを利用した応用研究については、様々な領域で期待できる。例えば、新物質創製、表面改質、超高速加工、水処理、滅菌、廃棄物処理、希少金属回収、新機能溶液、生物培養などが挙げられる。

ソリューションプラズマの基礎構造については、かなり明らかになってきた。ソリューションプラズマのモデルを**図9.49**に示す。プラズマは中央に位置しており、気相で囲まれている。さらに、気相は液相に囲まれている。この気相は、溶液からの蒸発ガス（水溶液であれば水蒸気）でできた気泡である。

このように、特徴的なのは、プラズマ/気相、気相/液相という2つの界面の存在である。プラズマを囲む気相の大きさ、またプラズマの大きさは、作製条件により異なり、この状態も起きる反応に影響を与えている。この微細構造の解析は今後の課題である。

ソリューションプラズマの応用を、**図9.50**に示す。ナノ粒子、ナノクラスター形成、親水化処理、滅菌などいろいろな分野で応用が進んでいる。液中でのスパッタリングを起こすこともできる。

9.3 応用技術

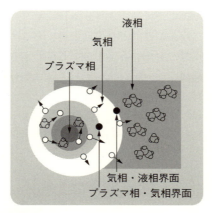

図 9.49 ソリューションプラズマのモデル図

ナノマテリアル合成技術
酸化還元反応の制御

表面処理・加工技術
酸化，窒化，パターニング

ソリューションプラズマ

レアメタルの高速回収
有害物質分解
有機合成・分解
廃棄物処理
めっき前処理
水処理
機能溶液
・・・・・・・

ナノ粒子分散技術
表面特性制御

滅菌技術
フォトンとラジカルの制御

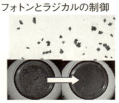

図 9.50 ソリューションプラズマを用いた応用技術

　気相プラズマが容器内、あるいは磁場内に閉じ込められるように、液相中のプラズマは液相すなわち凝縮相に閉じ込められている。これが、高速反応を引き起こす原因ともなる。魅力的なソリューションプラズマの物理・化学の研究はこれからであり、今後の発展が期待される。ソリューションプラズ

マの基礎科学を解明し、これに基づきソリューションプラズマの独自性を生かしたプロセス開発を行うことにより、近世紀における新たなプラズマ科学、また新たな表面処理技術の創成に寄与することができる。

参考文献

1) O. Takai : Pure Appl. Chem., **80**, 2003（2008）
2) N. Saito, M.A. Buratescu, K. Hashimi : Jap. J. Appl. Phys., **57**, 0102A4（2018）
3) 高井　治：工業材料, **62**, 2, 22（2014）
4) 稗田純子：名古屋大学博士学位論文（2008）
5) C. Miron：名古屋大学博士学位論文（2010）

参考文献

●第 1 章―第 6 章

梅田高照,月橋文孝,高井 治,吉田貞史,岩木正哉,材料のプロセス技術〔Ⅰ〕,東京大学出版会(1987)

株式会社アルバック編:新版 真空ハンドブック,オーム社(2002)

日本真空科学会編:真空科学ハンドブック,コロナ社(2018)

日本学術振興会プラズマ材料科学第153員会編:プラズマ材料科学ハンドブック,オーム社(1992)

電気学会放電ハンドブック出版委員会編:放電ハンドブック,電気学会(1974).

B. N. Chapman : Glow Discharge Processes, J. Wiley & Sons (1980);邦訳:プラズマプロセシングの基礎(岡本幸雄訳),電気書院(1985)

明石和夫,服部秀三,松本 修編:光・プラズマプロセシング,日刊工業新聞社(1986)

表面分析科学会編:表面分析図鑑,共立出版(1994)

金原 粲:薄膜の基本技術(第2版),東京大学出版会(1987)

和佐清

日本学術振興会薄膜第131委員会編:薄膜ハンドブック(第2版),オーム社(2008)

表面技術協会編:表面技術便覧,日刊工業新聞社(1998)

權田俊一監修:21世紀版薄膜作製応用ハンドブック,NTS(2003)

吉田貞史,近藤高志編著,薄膜工学 第2版,丸善(2011)

M. Ohring, Materials Science of Thin Films 2nd Edition, Academic Press (2002)

K. L. Chopra : Thin Film Phenomena, McGraw-Hill, Inc. (1969)

J. L. Vossen, W. Kern ed., Thin Film Processes, Academic Press (1978)

J. L. Vossen, W. Kern ed., Thin Film Processes II, Academic Press (1991)

D. M. Mattox : Electrochem. Tech., **2**, 295 (1964)

D. M. Mattox : J. Vac. Sci. Tech., **10**, 47 (1973)

N. A. G. Ahmed : Ion Plating Technology-Developments and Applications, John Wiley & Sons Ltd. (1987)

R. F. Bunshah : Handbook of Deposition Technologies for Films and Coatings Science, Technology and Applications, 2nd Ed., Noyes Publications (1994)

S. M. Rossnagel, J. J. Cuomo, W. D. Westwood : Handbook of Plasma Processing Technology-Fundamentals, Etching, Deposition, and Surface Interactions, Noyes Publications (1990)

金原 粲,スパッタリング現象,東京大学出版会(1984)

高井 治,まてりあ,**36**, 786 (1997)

小島啓安，現場のスパッタリング薄膜Q&A　第2版　日刊工業新聞社（2015）
小林春洋，岡田　隆，細川直吉：ドライプロセス応用技術，日刊工業新聞社（1984）
H. Yasuda : Plasma Polymerization, Academic Press（1985）
長田義仁編著：プラズマ重合，東京化学同人（1986）
B. A. Movchan, A. V. Demchishin : Fiz. Metal. Metalloved., **28**, 653（1969）
J. A. Thornton : Ann. Rev. Mater. Sci., **7**, 239（1977）

● 第7章
〔7.1　機械的機能膜〕
武井厚編：身近な機能膜のはなし―ドライプロセステクノロジー―，日刊工業新聞社（1994）
堂山昌男，高井治編：表面改買データハンドブック，サイエンスフォーラム（1991）
表面技術協会編：PVD・CVD皮膜の基礎と応用，槙書店（1994）
表面技術協会編：表面処理工学，日刊工業新聞社（2000）
J. Musil, J. Vyskocil, S. Kadlec : Physics of Thin Films, Vol. 17（Eds. M. H. Francombe and J. L. Vossen），Academic Press, Inc.（1993）

〔7.2　光学的機能膜〕
森泉　康，関東学院大学博士学位論文（2016）
森泉　康，本間英夫，高井　治，表面技術，**66**，212（2015）
森泉　康，本間英夫，高井　治，材料の科学と工学，**52**，215（2015）
Y. Moriizumi, H. Honma, O. Takai, Jpn. J. Appl. Phys., **55**（1S），01AA23（2016）
森泉　康，本間英夫，高井　治，表面技術，**67**，97（2016）
村田　剛，名古屋大学博士学位論文（2012）
馬場宣良，山名昌男，山本　寛編：エレクトロクロミックディスプレイ，産業図書（1991）
C. G. Granqvist : Handbook of Inorganic Electrochromic Materials, Elsevier（1995）
P. M. S. Monk, R. J. Mortimer, D. R. Rosseinsky : Electrochromism, VCH（1995）
J. R. Platt : J. Chem. Phys., **34**，862（1961）
W. Sahle, M. Sundberg : Chem. Scripta, **16**，163（1980）
T. Nanba, T. Takahashi, J. Takada, A. Osaka, Y. Miura, I. Yasui, A. Kishimoto, T. Kudo ; J. Non-Cryst. Solids, **178**，233（1994）
P. G. Dickens, M. S. Whittingham : Quart. Rev. Chem. Soc., **22**，30（1968）
M. S. Whittingham : Solid State Ionic Devices, p.325, World Scientific（1988）
S. A. Agnihotry, S. S. Bawa, A. M. Biradar, C. P. Sharma, S. Chandra : Proc. Soc.

Photo-Opt. Instrum. Engr., **428**, 45 (1983)

S. A. Agnihotry, K. K. Saini, T. K. Saxena, S. Chandra : Thin Solid Films, **141**, 183 (1986)

T. Miyoshi, K. Iwata : SID Symp. Dig., **11**, 126 (1980)

O. Takai : Proc. S. I. D., **25**, 305 (1984)

O. Takai : Proc. S. I. D., **28**, 234 (1987)

高井　治：応用物理, **65**, 1253 (1996)

〔7.3　電磁気的機能膜〕

Y. Suzuki, N. Iguchi, K. Adachi, K. Ichiki, T. Hioki, C-W Hsu, R. Sato, S. Kumagai, M. sasaki, J-H Noh, Y. Sakurahara, K. Okabe O. Takai, H. Honma, H. Watanabe, H. Sakoda, H. Sasagawa, H. Doy, S. Zhou, H. Hori, S. Nishikawa, T. Nozaki, N. Sugimoto, T. Motohiro : J. Physics : Conf. Series **897**, 012019 (2017)

Y Ichiki, K Adachi, Y Suzuki, M Kawahara, A Ichiki, T Hioki, C-W Hsu, S Kumagai, M Sasaki, J-H Noh, Y Sakurahara, O Takai, H Honma, T Motohiro : J. Phys. : Conf. Series **1054**, 012065 (2018)

〔7.4　化学的機能膜〕

T. Young : Trans. Roy. Soc., London, **95**, 84 (1805)

R. N. Wenzel : Ind. Eng. Chem., **28**, 988 (1936)

A. B. D. Cassie, S. Baxter : Trans. Farady Soc., **40**, 546 (1944)

A. Zozumi, O. Takai : Thin Solid Films, **303**, 222 (1997)

Y. Y. Wu, H. Sugimura, Y. Inoue, O. Takai : Chem. Vap. Deposition, **8**, 47 (2002)

Y. Y. Wu, H. Sugimura, O. Takai, H. Kato, H. Oda : Tin Solid Films, **407**, 45 (2002)

穂積　篤：名古屋大学博士学位論文 (1996)

増子　昇：さびのおはなし，日本規格協会 (1990)

藤島　昭，相澤益男，井上　徹：電気化学測定法（上，下），技報堂出版 (1984)

A. J. Bard, L. R. Faulkner : Electrochemical Methods, 2nd Ed., John Wiley & Sons (2001)

M. Pourbaix : Atlas of Electrochemical Equilibria in Aqueous Solutions, NACE (1974)

滝沢貴久男：表面技術, **40**, 988 (1989)

Y. Ishida, T. Watanabe, O. Takai : Proc. 8th Int. Symp. Plasma Chem. **2**, p.915 (1987)

手嶋勝弥：名古屋大学博士学位論文 (2003)

K. Teshima, H. Sugimura, Y. Inoue, O. Takai, A. Takano : Chem. Vap. Deposition, **10**, 295 (2004)

穂積　篤, 高井　治：表面技術, **47**, 575（1996）

高井　治, 齋藤永宏, 井上泰志, 穂積　篤：表面技術, **55**, 758（2004）高井　治：化学と工業, **58**, 32（2005）

〔7.5　生物・医学的機能膜〕

高井　治, 石崎　貴裕, 齋藤永宏：未来材料, **5**, No. 2, 2（2005）

齋藤永宏, 石崎貴裕, 井上泰志, 高井　治：表面技術, **56**, 775（2005）齋藤永宏, 井上泰志, 高井　治：応用物理, **75**, 196（2006）

齋藤永宏, 石崎貴裕, 高井　治：バイオインダストリー, **23**, No. 2, 20（2006）

高井　治：応用物理, **79**, 248（2010）

高井　治：表面科学, **31**, 294（2010）

高井　治, 石崎　貴裕, 齋藤永宏：トライボロジスト, **55**, 254（2010）

● 第8章

[8.1　DLC膜]

高井　治：NEW Diamond, **16**, No. 4, 15（2000）

S. Aisenbcrg, R. Chabot：J. Appl. Phys., **42**, 2593（1971）

J. Robenson：Prog. Solid State Chem., **21**, 199（1991）

A. Grill, B. S. Meyerson：Synthetic Diamond, Emerging CVD Science and Technology（Edited by K. E. Spear, J. P. Dismukes）, p.91. John Wiley & Sons. Inc.（1994）

D. R. McKenzie：Rep. Prog. Phys., **59**, 1611（1996）

C. -P. Klages, K. Bewilogua：Handbook of Ceramic Hard Materials, Vol.2（Edited by R. Riedel）, p.623, Wiley-VCH（2000）

C. Weissmantel：Thin Films from Free Atoms and Particles（Edited by K. J. Klabunde）, p.153, Academic Press（1985）

J. R. Conrad：J. Appl. Phys., **65**, 1707（1989）

Y. Taki, 0. Takai：Thin Solid Films, **316**, 45（1998）

D. Beeman, J. Silverman. R. Lynds, M. R. Anderson：Phys. Rev. B, **30**, 870（1984）

H. S. Tsai, D. B. Bogy：J. Vac. Sci. Technol. A, **5**, 3287（1987）

K. W. R. Gilkes, H. S. Sands, D. N. Ba1cheldcr. J. Robertson, I. Milne：Appl. Phys. Lett., **70**, 1980（1997）

B. Bhushan：Handbook of Micro/Nano Tribology（2nd Edition）, CRC Press（1999）

N. Tajima, H. Saze, H. Sugimura, 0. Takai：Mat. Res. Soc. Symp. Proc., **593**, p.371（2000）

K. Akari：Proc. 2nd Int. Conf. Advanced Mater. Development and Perfonnance, p.83 (1999)

H. Overhof, P. Thomas : Electronic Transport in Hydrogenerated Amorphous Semiconductors (Springer Tracts in Modem Physics, Vol. 114), p.10, Springer-Verlag (1989)

Th. Frauenheim, U. Stephan, K. Bewilogua., F. Jungnickel, P. Blaudeck, E. Fromm : Thin Solid Films, **182**, 63 (1989)

A. Y. Liu, M. L. Cohen : Sciencc, **245**, 841 (1989)

高井 治, 瀧 優介 : NEW DIAMOND, No. 47, 4 (1997)

N. Tajima, H. Saze, H. Sugimura, O. Takai : Jpn. J. Appl. Phys., **38**, L1131 (1999)

H. Dimigen, H. Hubsch, R. Memming : Appl. Phys. Lett., **50**, 1056 (1987)

瀧 優介 : 名古屋大学博士学位論文 (1996)

藤巻成彦 : 名古屋大学博士学位論文 (2002)

太田理一郎 : 名古屋大学博士学位論文 (2006)

〔8.2 透明導電膜〕

日本学術振興会第142委員会編 : 液晶デバイスハンドブック, 日刊工業新聞社 (1989)

松本正一編 : 電子ディスプレイデバイス, オーム社 (1984)

J. B. Webb : Thin Films from Free Atoms and Particles (K. J. Klabunde ed.), p.257, Academic Press (1985)

原納 猛, 高木 悟 : 表面技術, **40**, 666 (1989)

勝部能之, 勝部倭子 : 応用物理, **49**, 2 (1980)

津田惟雄編 : 電気伝導性酸化物, 裳華房 (1983)

南 内嗣 ; アイオニクス (IONICS), **15**, (10), 97 (1989)

鯉沼秀臣, 永田俊郎, 佐々木 基, 川崎雅司, 高井 治, 水崎純一郎, 笛木和雄 : 日本セラミックス協会学術論文誌, **97**, 1160 (1989)

機能材料ドライプロセシング専門部会編 : 透明導電膜シンポジウムテキスト, 表面技術協会 (1990)

石橋 暁, 中村久三 ; ULVAC Tech. J., (33), 8 (1989)

石橋 暁 : ULVAC Tech. J., (35), 31 (1990)

L. L. Kazmerski ed. : Polycrystalline and Amorphpus Thin Films and Devices, Academic Press (1980)

G. Harbeke ed. : Polycrystalline Semiconductors, Springer-Verlag (1985)

B. I. Shklovskii, A. L. Efros ; Electronic Properties of Doped Semiconductors, Springer-Verlag (1984)

日本学術振興会透明酸化物光・電子材料第166委員会編 : 透明導電膜の技術 (第3

版),オーム社(2014)

[8.3 自己組織化単分子膜(SAM)]

O. Takai, K. Hayashi : Advanced Chemistry of Monolayers at Interfaces (Ed. T. Imae), Academic Press, p.141 (2007)

A. Ulman : An Introduction to Ultrathin Organic Films from Langmuir-Blodgett to Self-assembly, Academic Press (1991)

A. Ulman : Chem. Rev. **96**, 1533 (1996)

J. P. Folkers, J. A. Zerkowski, P. E. Laibinis, C. T. Steo, G. M. Whitesides : Supramolecular Architechture, (Ed. T. Bein), American Chemical Society, p.10 (1992)

H. Sugimura, O. Takai : Langmuir **11**, 3623 (1995)

H. Sugimura, T. Shmizu, O. Takai : J. Photopolym. Sci. Technol. **13**, 69 (2000)

H. Sugimura, K. Hayashi, N. Saito, L. Hong, O. Takai, A. Hozumi, N. Nakagiri, M. Okada : Trans. Mater. Res. Soc. Japan. **27**, 545 (2002)

H. Sugimura, T. Hanji, K. Hayashi, O. Takai : Adv. Mater. **14**, 524 (2002)

H. Sugimura, T. Hanji, K. Hayashi, O. Takai : Ultramicorscopy **91**, 221 (2002)

N. Saito, J. Hieda, O. Takai : Electrochem. and Solid-State Lett. **7**, C140 (2004)

K. Hayashi, N. Saito, H. Sugimura, O. Takai, N. Nakagiri : Langmuir **18**, 7469 (2002)

林 和幸:名古屋大学博士学位論文(2002)

佐藤 元,名古屋大学博士学位論文(2006)

Y. Miura, H. Sato, T. Ikeda, H. Sugimura, O. Takai, K. Kobayashi : Biomacromolecules, **5**, 1798 (2004)

H. Sato, Y. Miura, N. Saito, K. Kobayashi, O. Takai : Biomacromolecules, **8**, 753 (2007)

M. E. Tayler, D. Kurt : Introduction to Glycobiology, Oxford University Press (2003)

H. Sugimura, T. Hanji, O. Takai, T. Masuda, H. Misawa : Electrochim. Acta, 47, 103 (2001)

索　引 (五十音順)

【欧　数】

2 電極方式 ･････････････････････････ 145
3 次元イオン注入 ････････････････ 179, 235
3 電極方式 ･････････････････････････ 145
Al_2O_3 ･････････････････････････････ 111
Al_2O_3 膜 ･･････････････････････････ 161
ATONA ･･････････････････････ 230, 232
BN 膜 ･･･････････････････････････････ 83
Bode プロット ････････････････････ 146
Cassie の式 ････････････････････････ 136
c–BN ･･････････････････････････････ 111
CMP ･･･････････････････････････････ 130
Cole–Cole プロット ･･････････････ 146
CVD ･･･････････････････････ 34, 72, 199
DLC ･･･････････････････････ 111, 114, 168
DLC コーテッドゴム ･･････････････ 216
DLC 膜 ･･････････････････････････ 83, 161
D ピーク (バンド) ･･･････････････ 176
ECR ････････････････････････････････ 78
ECR 放電 ･････････････････････････ 235
ESEM ･････････････････････････････ 165
E 型電子銃 ･････････････････････････ 43
G ピーク (バンド) ･･･････････････ 176
HiPIMS ･･･････････････････････････ 36
i–C ･･･････････････････････････ 171, 172
internet of everything ･･････････ 214
internet of things ････････････････ 214
IoT ････････････････････････････････ 214
IrOx ･･･････････････････････････････ 129
ITO ････････････････････････････････ 187
ITO (酸化インジウムスズ) ･･････ 183
MEMS ･････････････････････････････ 92
MgF_2 ･････････････････････････ 120, 121
MOCVD ･････････････････････････ 75, 263
MOVPE ････････････････････････････ 75

NbN ････････････････････････････････ 130
NEMS ･･････････････････････････････ 92
OTR ････････････････････････････････ 163
O リング ･･･････････････････････････ 216
PBII ････････････････････････････････ 235
PBII (PSII) ･･･････････････････････ 179
PET ････････････････････････････････ 161
PSII ･･･････････････････････････････ 235
PTFE ･･････････････････････････････ 135
PVD ･････････････････････････････････ 35
QCM ･･･････････････････････････････ 250
RIE ･････････････････････････････････ 93
SAM ････････････････････････････････ 197
SAM レジスト ･･･････････････････ 198
Si_3N_4 膜 ･･････････････････････････ 161
Si–DCL ･･････････････････････ 230, 232
SiO_2 膜 ･･･････････････････････････ 161
SMES ･･････････････････････････････ 130
SnO_2 ･･････････････････････････････ 187
sp^2 結合成分 ･･･････････････････････ 168
sp^3 結合成分 ･･･････････････････････ 168
TiC ･････････････････････････････････ 111
TiN ････････････････････････････････ 111
VUV ･････････････････ 198, 202, 204, 233, 260
Wenzel の式 ･･････････････････････ 136
WO_3 ･･････････････････････････ 128, 129
XPS ････････････････････････････････ 162
X 線光電子分光 ･････････････････ 162
YBCO ･･････････････････････････････ 130
Young の式 ･･･････････････････････ 134
ZnO ････････････････････････････････ 187

【あ　行】

アークイオンプレーティング ････ 172
アーク放電 ･･･････････････････････････ 15
アーク放電加熱 ･････････････ 40, 41, 42

277

索　引

アクティブスクリーン・低温直流プラズマ浸炭
　処理 ･････････････････････････････････ 239
圧痕 ･･･････････････････････････････････ 112
圧子 ･･････････････････････････････ 111, 218
圧縮応力 ･･･････････････････････････････ 178
圧縮率 ･････････････････････････････････ 111
圧電変換 ･･･････････････････････････････ 130
厚膜 ･･･････････････････････････････････････ 1
圧力 ･･･････････････････････････････････ 9, 12
圧力勾配形プラズマガン ･････････････････ 51
アニール ･･･････････････････････････････　26
アノード ･･････････････････････････　97, 144
アノード・アーク放電 ･･･････････････････ 51
アノード反応 ･･････････････････････　96, 147
アノード分極曲線 ･･････････････････････ 157
油拡散 ･･････････････････････････････････ 10
アモルファス ･････････････････ 168, 174, 247
アルキル金属化合物 ･････････････････････ 75
アンバランス型 ･････････････････････････ 62
イオン ･･････････････････････････････････ 77
イオン化 ････････････････････････････････ 13
イオン衝撃 ･･････････････････ 15, 50, 54, 174, 177
イオン衝撃洗浄 ･････････････････････････ 26
イオン窒化 ････････････････････････ 103, 179
イオン注入 ･･･････････････ 106, 107, 160, 172, 179
イオンビームエッチング ･････････････････ 94
イオンビーム方式 ･･･････････････････････ 57
イオンビームミキシング ････････････････ 108
イオンビームミクシング ････････････････ 107
イオンプレーティング ･････････････ 35, 49, 117
イオンポンプ ･･･････････････････････････ 11
イオンミリング ･･････････････････････････ 94
異常放電 ･･･････････････････････････････ 238
異方性エッチング ･･････････････････　95, 99
インピーダンス測定 ････････････････ 144, 146
インライン式 ･･･････････････････････････ 70
ウェットエッチング ････････････････　92, 96
ウェットプロセス ･････････････････ 2, 34, 137
エキシマランプ ･････････････････････ 25, 201
エキシマランプ洗浄 ･････････････････････ 25

エキシマレーザ ･････････････････････････ 79
液晶ディスプレイ（LCD） ･･･････････････ 183
液晶配向性 ････････････････････････････ 133
エッチ液 ･･･････････････････････････････ 92
エッチ速度 ･････････････････････････････ 92
エッチピット ･･･････････････････････････ 97
エッチファクタ ･････････････････････････ 94
エッチャント ･･･････････････････････････ 92
エッチング ･･････････････ 2, 24, 92, 94, 105, 147
エッチングガス ･････････････････････････ 98
エッチング製 ･･････････････････････････ 133
エッチング速度 ･････････････････････････ 92
エッチング溶液 ･････････････････････････ 92
エネルギーギャップ ･･･････････････････ 183
エピタキシー ･････････････････････　14, 24
エピタキシャル成長 ･････････････････････ 30
エリプソメータ ････････････････････････ 250
エレクトロクロミズム ･････････････ 125, 126
エレクトロクロミック ････････････････　125
エレクトロクロミックウィンドウ・ミラー
　････････････････････････････････････ 118
エレクトロクロミック膜 ････････････････ 124
塩水噴霧試験 ･･････････････････････････ 233
鉛筆引っかき試験 ･････････････････････ 111
オイルレス化 ･･････････････････････････ 217
屋外暴露試験 ･･････････････････････････ 153
押込み荷重 ････････････････････････････ 112

【か 行】

カーボンナノチューブ（CNT） ･･････････ 196
回復率 ･････････････････････････････････ 223
界面エネルギー ････････････････････････ 134
界面層 ･････････････････････････････ 32, 33
化学エッチング ･････････････････････････ 92
化学機械研磨 ･･････････････････････････ 130
化学蒸着 ････････････････････････････････ 34
化学的エッチング ･･･････････････････････ 92
化学的機能膜 ･･････････････････････････ 133
化学的性質 ････････････････････････････ 181
核（島状）成長 ･････････････････････････ 39

278

索　引

拡張オーステナイト相（S相）⋯⋯⋯ 239
化合物薄膜⋯⋯⋯⋯⋯⋯⋯⋯⋯ 30, 75
可視域⋯⋯⋯⋯⋯⋯⋯⋯⋯⋯⋯⋯ 183
ガス温度⋯⋯⋯⋯⋯⋯⋯⋯⋯⋯⋯⋯ 12
ガス透過性⋯⋯⋯⋯⋯⋯⋯⋯⋯⋯ 133
ガスバリア膜⋯⋯⋯⋯⋯⋯⋯ 133, 161
化成処理⋯⋯⋯⋯⋯⋯⋯⋯⋯⋯⋯ 32
化成処理膜⋯⋯⋯⋯⋯⋯⋯⋯⋯⋯ 157
カソーディック・アーク蒸着⋯⋯⋯ 172
カソード⋯⋯⋯⋯⋯⋯⋯⋯⋯ 97, 144
カソード・アーク放電⋯⋯⋯⋯⋯⋯ 51
カソードクロミズム⋯⋯⋯⋯⋯⋯ 125
カソード反応⋯⋯⋯⋯⋯⋯⋯ 97, 147
硬さ⋯⋯⋯⋯⋯⋯⋯⋯⋯⋯⋯ 111, 223
活性酸素⋯⋯⋯⋯⋯⋯⋯⋯⋯⋯⋯ 203
荷電粒子⋯⋯⋯⋯⋯⋯⋯⋯⋯⋯⋯ 12
金型⋯⋯⋯⋯⋯⋯⋯⋯⋯⋯⋯⋯⋯ 110
ガの眼⋯⋯⋯⋯⋯⋯⋯⋯⋯⋯⋯⋯ 120
ガルバノスタット⋯⋯⋯⋯⋯⋯⋯ 146
カルボニル⋯⋯⋯⋯⋯⋯⋯⋯⋯⋯ 75
環境制御型走査電子顕微鏡⋯⋯ 137, 165
肝細胞⋯⋯⋯⋯⋯⋯⋯⋯⋯⋯ 211, 212
乾式腐食⋯⋯⋯⋯⋯⋯⋯⋯⋯ 143, 144
官能基⋯⋯⋯⋯⋯⋯⋯⋯⋯⋯ 137, 140
機械的機能膜⋯⋯⋯⋯⋯⋯⋯⋯⋯ 110
機能性薄膜⋯⋯⋯⋯⋯⋯⋯⋯⋯⋯ 167
基板⋯⋯⋯⋯⋯⋯⋯⋯⋯⋯ 1, 23, 40
基板バイアス⋯⋯⋯⋯⋯⋯⋯⋯⋯ 177
キャリア濃度⋯⋯⋯⋯⋯⋯⋯ 191, 193
吸着性⋯⋯⋯⋯⋯⋯⋯⋯⋯⋯⋯⋯ 133
共培養⋯⋯⋯⋯⋯⋯⋯⋯⋯⋯ 211, 213
局部腐食⋯⋯⋯⋯⋯⋯⋯⋯⋯⋯⋯ 148
金属多層膜⋯⋯⋯⋯⋯⋯⋯⋯⋯⋯ 67
クーロメトリ⋯⋯⋯⋯⋯⋯⋯ 144, 146
屈折率⋯⋯⋯⋯⋯⋯⋯⋯⋯⋯⋯⋯ 121
クヌーセンセル⋯⋯⋯⋯⋯⋯ 41, 263
クライオポンプ⋯⋯⋯⋯⋯⋯⋯⋯ 11
クラスタイオンビームイオンプレーティング
　⋯⋯⋯⋯⋯⋯⋯⋯⋯⋯⋯⋯⋯⋯ 51
グラファイト⋯⋯⋯⋯⋯⋯⋯ 114, 117

グラファイト化⋯⋯⋯⋯⋯⋯⋯⋯ 178
グラフェン⋯⋯⋯⋯⋯⋯⋯⋯⋯⋯ 196
グロー放電⋯⋯⋯⋯⋯⋯⋯⋯⋯⋯ 15
クロミズム⋯⋯⋯⋯⋯⋯⋯⋯⋯⋯ 125
クロミック現象⋯⋯⋯⋯⋯⋯ 124, 125
クロミック材料⋯⋯⋯⋯⋯⋯⋯⋯ 125
クロムフリー⋯⋯⋯⋯⋯⋯⋯⋯⋯ 232
形状記憶合金⋯⋯⋯⋯⋯⋯⋯⋯⋯ 117
形状記憶合金膜⋯⋯⋯⋯⋯⋯ 110, 117
形成速度⋯⋯⋯⋯⋯⋯⋯⋯⋯⋯⋯ 81
血液非凝集性⋯⋯⋯⋯⋯⋯⋯⋯⋯ 217
原子間力顕微鏡（AFM）⋯⋯⋯⋯ 219
原子層エピタキシー⋯⋯⋯⋯ 75, 100
研磨⋯⋯⋯⋯⋯⋯⋯⋯⋯⋯⋯⋯⋯ 24
原料ガス⋯⋯⋯⋯⋯⋯⋯⋯ 72, 74, 76
光学的機能膜⋯⋯⋯⋯⋯⋯⋯⋯⋯ 118
光学的性質⋯⋯⋯⋯⋯⋯⋯⋯⋯⋯ 180
光学的バンドギャップ⋯⋯⋯⋯⋯ 180
光輝プラズマ窒化処理⋯⋯⋯⋯⋯ 230
高屈折率⋯⋯⋯⋯⋯⋯⋯⋯⋯⋯⋯ 119
光源⋯⋯⋯⋯⋯⋯⋯⋯⋯⋯⋯⋯⋯ 22
光子⋯⋯⋯⋯⋯⋯⋯⋯⋯⋯⋯⋯⋯ 12
硬質性⋯⋯⋯⋯⋯⋯⋯⋯⋯⋯⋯⋯ 217
硬質膜⋯⋯⋯⋯⋯⋯⋯⋯⋯⋯ 110, 111
高周波（RF）放電⋯⋯⋯⋯⋯⋯⋯ 50
高周波プラズマCVD⋯⋯⋯⋯⋯⋯ 216
高周波放電⋯⋯⋯⋯⋯⋯⋯⋯⋯⋯ 15
高周波誘導加熱⋯⋯⋯⋯ 40, 41, 42, 76
高出力インパルスマグネトロンスパッタリング
　⋯⋯⋯⋯⋯⋯⋯⋯⋯⋯⋯⋯⋯⋯ 36
孔食⋯⋯⋯⋯⋯⋯⋯⋯⋯⋯⋯ 148, 153
高真空⋯⋯⋯⋯⋯⋯⋯⋯⋯⋯⋯⋯ 9
硬度⋯⋯⋯⋯⋯⋯⋯⋯⋯⋯⋯⋯⋯ 176
高分子材料⋯⋯⋯⋯⋯⋯⋯⋯⋯⋯ 105
高密度プラズマアシスト蒸着装置⋯⋯ 43
ゴースト⋯⋯⋯⋯⋯⋯⋯⋯⋯⋯⋯ 119
コーテッド工具⋯⋯⋯⋯⋯⋯⋯⋯ 111
コールドウォール形⋯⋯⋯⋯⋯⋯ 76
コールドトラップ⋯⋯⋯⋯⋯⋯⋯ 9
小型超電導電力貯蔵装置⋯⋯⋯⋯ 130

索引

極高真空	9
固体潤滑剤	116
固体潤滑性	114
固体潤滑膜	117
コロナ放電	15
混合成長	39
コンピュータ・シミュレーション	120, 124
コンピューターシミュレーション	82

【さ 行】

サーモクロミズム	125
サイクリックボルタンメトリ	146
再結合	14
細胞培養	164
先細り結晶粒	59
作用極	145
参照電極	145
酸素透過率	163
酸素プラズマ	261
残留ガス	55
シース	98
シート抵抗	185
シールド型アークイオンプレーティング	222
シールド形アークイオンプレーティング	177
紫外線	25
紫外線洗浄	25
紫外線防止コーティング	118
閾エネルギー	58
磁気的機能膜	130
自己修復	153
自己組織化単分子膜	197
自己組織化単分子膜（SAM）	261
自己組織化単分子膜（SAM）リソグラフィー	90
自己組織化リン酸ジルコニウム多層膜	232
自己バイアス効果	64
自己バイアス電圧	174
湿式腐食	142, 144
質量分析計	163
シャドーイング効果	242
重合	86
縮退	187
縮退半導体	196
手術用器具	217
準安定励起原子	14
潤滑性	178
潤滑膜	110, 116
照合電極	145
照射損傷	107
蒸発源	39
触針法	249
触媒特性	133
シランカップリング処理	20
シランカップリング反応	204
シロキサン結合	201
白さび	233
真空	9
真空技術	9
真空計	11
真空紫外光	20, 165
真空紫外校	198
真空紫外線洗浄	25
真空蒸着	34, 35, 38
真空ポンプ	9
真空容器	40
親水性	133
親水膜	133
水晶振動子法	250
水晶振動子マイクロバランス	250
水晶摩擦真空計	11
水素化物	75
水素含有	178
水平形	76
隙間腐食	153, 156
スクラッチ試験	251
ステンレス鋼	152, 239
スパッタ	57
スパッタエッチング	93
スパッタ率	57
スパッタリング	34, 35, 56, 57, 67, 117, 118, 172

スマートウィンドウ	126	体積弾性率	111
清浄化	54	耐摩耗性	110, 217
生物・医学的機能膜	163	耐摩耗性評価	248
ゼータ電位	206	ダイヤフラム真空計	11
赤外線ランプ加熱	76	ダイヤモンド	111, 113, 168
セグメント構造	216	ダイヤモンド薄膜	258
切削工具	110, 111	ダイヤモンド膜	83
接触角	134	ダイヤモンドライクカーボン	83, 168
セメント系材料	196	太陽電池	183
線維芽細胞	165, 166, 211, 212	太陽電池膜	130
繊維構造	59	多元系材料	116
前駆体	73	多孔質物質	120
洗浄	24	多重SAM構造	204
選択的無電解めっき	206	多層構造	179
全面エッチング	92	多層コーティング	119
全面腐食	148	多層膜	66, 67, 81, 241
層間化合物	128	縦形	76
走査電子顕微鏡	137	多負極（多陰極）	51
層状成長	39	炭化シリコン層	179
相変態	117	炭化ホウ素	114
ソープションポンプ	10	単結晶薄膜	23
ソーラーコントロールガラス	118	炭水素化合物	75
促進試験	153	弾性および塑性変形エネルギー	225
疎水性	133	弾性変形エネルギー	225
塑性変形エネルギー	225	単層コーティング	119
ソリューションプラズマ	31	単層膜	241
ソルバトクロミズム	125	炭素系薄膜	222
		タンパク質	210
【た 行】		チタンゲッタポンプ	11
ターゲット	64, 195	窒化インジウム	128
ターボ分子ポンプ	10	窒化スズ	128
大気圧グロー放電プラズマ	234	窒化炭素薄膜	246
大気圧プラズマ	31, 234	中間層	179
対極	97	柱状構造	59
対向ターゲット	60	中真空	9
耐擦傷性	110	超音波洗浄	25
耐食性	133, 141, 181	超硬質材料	113
耐食性試験	153	超高真空	9, 11
耐食膜	141, 153	調光デバイス	127
堆積	1, 32	超親水性	134

索引

超電導電力貯蔵装置……………………130
超電導膜……………………………………130
超はっ水性…………………………………134
超はっ水ナノ分子ペーパー……………260
超はっ水表面………………………………164
直流（DC）放電……………………………50
付き回り性……………………………………54
低圧水銀ランプ……………………………79
低温プラズマ………………………12, 17, 30
低屈折率……………………………………119
抵抗加熱……………………………40, 41, 42, 76
低硬膜………………………………………130
低真空…………………………………………9
低真空・高速スパッタリング…………260
テフロン……………………………117, 135
デポジション………………………………1, 32
デュアルマグネトロンスパッタリング……238
電位-pH 図…………………………148, 152
添加…………………………………………179
電解エッチング……………………………92
電界放射型走査電子顕微鏡……………137
添加元素……………………………………182
電気化学的…………………………………144
電気化学的試験……………………………153
電気化学的評価法…………………………144
電気の機能膜………………………………130
電気伝導率…………………………………180
電極電位………………………………96, 145
電子エネルギー………………………18, 19
電子エネルギー損失分光（EELS）……174
電子温度…………………………………12, 18
電磁気の機能膜……………………………130
電子サイクロトロン共鳴（ECR）放電……50
電磁シールドガラス………………………118
電子シンクロトロン共鳴…………………78
電子デバイス………………………………92
電子濃度……………………………………193
電子ビーム加熱……………………40, 41, 42, 51
電子放出……………………………………180
電子密度…………………………………18, 19

電子励起式イオンプレーティング……217
伝導電子濃度…………………………187, 188
電離……………………………………………13
電離真空計……………………………………11
透過制御コーティング……………………118
糖鎖…………………………………………210
糖鎖高分子…………………………………211
糖鎖ディスプレイ……………………210, 211
導電性………………………………………183
導電膜………………………………………130
等方性エッチング…………………………94
透明酸化物半導体膜………………………187
透明超はっ水ペットフィルム…………261
透明電極……………………………………184
透明導電膜……………………………183, 184
透明導電膜材料……………………………186
透明な DLC 膜……………………………181
透明ヒータ…………………………………183
透明プラスチック…………………………110
ドーピング………………………107, 129, 189
ドライエッチング……………………92, 98
ドライプロセス…2, 8, 9, 30, 32, 34, 109, 137, 215
ドライポンプ…………………………………9
トリリオン・センサ………………………214
ドロップレット……………………………222

【な 行】

内部応力……………………………………178
斜め堆積……………………………………244
斜め堆積法…………………………………241
ナノ・マイクロパターニング…………202
ナノインデンテーション………177, 218, 222
ナノインデンテーション法……………227
ナノインプリント・リソグラフィー……90
ナノトランスファプリンティング………90
二酸化シリコン層…………………………179
二流化モリブデン…………………………116
ヌープ硬さ…………………………………111
濡れ性………………………………………133
ネサ膜………………………………………183

熱 CVD ··· 76
熱的性質 ·· 181
熱電子活性化 ·· 51
熱伝導率 ·· 181
熱電変換 ·· 130
ノジュール ·· 195

【は 行】

バイアス電圧 ······································· 177
バイアスプローブ ································· 50
バイオチップ ·· 92
排ガス処理 ·· 31
胚性幹細胞 ·· 164
白色干渉式膜厚計 ······························· 250
薄膜 ·· 1
薄膜の構造 ·· 241
薄膜の成長機構 ···································· 39
パターニング ································· 2, 202
パターン形成 ······································ 147
白金黒電極 ·· 146
はっ水コーティング ··························· 118
はっ水性 ··· 133
はっ水膜 ··· 133
はつ油性 ··· 140
バランス型 ·· 62
バリア性 ··· 182
パルス技術 ·· 63
パルスプラズマ ·································· 259
パルスプラズマ応用技術 ···················· 259
パルスレーザデポジション ················ 229
バレル形 ·· 76
ハロゲン化物 ·· 75
反応性スパッタリング ······················· 238
反射防止コーティング ······················· 118
反射防止膜 ·· 119
反射率 ·· 120, 121
反射率分光式膜厚計 ··························· 250
半導体膜 ··· 130
反応性イオンエッチング ····················· 92
反応性イオンビームエッチング ·········· 93

反応性イオンプレーティング ·············· 51
反応性ガスエッチング ························· 92
反応性スパッタリング ························· 61
反応プロセス ·· 82
ピール試験 ·· 250
ピエゾクロミズム ······························· 125
光 CVD ·· 76, 78
光触媒 ··· 140
光洗浄 ··· 25
光透過率 ··· 185
光励起エッチング ································ 93
光励起プロセス ···································· 15
非晶質 ··· 168
非晶質炭素 ·· 170
ビッカース硬さ ··································· 111
引張試験 ··· 251
ヒト間葉系幹細胞 ······························· 164
非平衡プラズマ ···································· 12
評価技術 ··· 26
表面エネルギー ·································· 136
表面改質 ································ 1, 2, 33, 102
表面加工 ··· 2
表面官能基 ·· 135
表面形状 ··· 136
表面再結合 ·· 14
表面処理 ··· 1
表面波プラズマ ···································· 18
表面反応性 ·· 133
ピラニ真空計 ·· 11
ピン・オン・ディスク試験 ················ 178
ピンオンディスク試験 ······················· 249
ピンホール ·· 87
フーリエ変換赤外分光（FTIR） ········· 174
プールベダイヤグラム ······················· 148
フォトクロミズム ························ 125, 126
フォトクロミックコーティング ········ 118
フォトリソグラフィ ······························· 2
フォトリソグラフィー ························· 90
複合プロセス ······································ 137
不純物添加 ·· 107

索引

腐食 ･･････････････････････････････ 142
腐食性 ････････････････････････ 141, 142
付着強度 ･･････････････････････････ 54
付着性 ････････････････････････････ 24
フッ化物系のガス ･････････････････ 98
フッ素樹脂 ･･････････････････････ 117
物理蒸着 ･･････････････････････････ 35
不動態皮膜 ･･････････････････ 152, 153
部分エッチング ･･････････････････ 92
プラスチックフィルム ･･･････････ 105
プラズマ ･････････････････････････ 12
プラズマCVD ･･･････････ 76, 77, 162, 173
プラズマCVD法 ････････････････ 137
プラズマアノード酸化 ････････････ 102
プラズマ因子 ････････････････････ 20
プラズマエッチング ･･････････････ 92
プラズマ酸化 ････････････････････ 102
プラズマ重合 ････････････････････ 86
プラズマ照射 ････････････････････ 44
プラズマ浸炭 ･･････････････ 103, 179
プラズマ診断 ････････････････････ 21
プラズマ診断法 ･･････････････････ 20
プラズマ窒化 ･･････････････ 103, 179
プラズマ表面改質 ････････････････ 102
プラズマホウ化 ･････････････････ 104
プラズマ方式 ････････････････････ 57
フラッシュ蒸発 ･･････････････････ 41
フラットパネルディスプレイ ･････ 183
プリカーサ ･･･････････････････････ 73
プルーム ････････････････････････ 229
プルシアンブルー ･･･････････････ 128
フレア ･･････････････････････････ 119
分極曲線 ････････････････････････ 146
分子線エピタキシー ･･････････････ 41
分子線エピタキシー（MBE） ･････ 261
分子層エピタキシー ･･････････････ 75
分子認識サイト ･････････････････ 204
平均自由行程 ･････････････････ 11, 55
ペニング効果 ････････････････････ 14
ヘプチルビオロンゲン水溶液 ･････ 128

ベルコビッチ（Berkovich）圧子 ･･･ 219
ベルコビッチ圧子 ･･･････････････ 221
ベルジャ ････････････････････････ 40
変換膜 ･･････････････････････････ 130
ボイド ･･････････････････････････ 59
放電 ･････････････････････････････ 12
防曇ガラス ･･････････････････････ 118
防曇コーティング ･･･････････････ 118
ボールオンディスク試験 ･････････ 248
ホットウォール形 ････････････････ 76
ポテンショスタット ･････････････ 146
ポリエチレンテレフタレート ･･ 117, 161
ポリカーボネイト ･･･････････････ 110
ポリシング ･･････････････････････ 147
ポリテトラフルオロエチレン ･････ 135
ポリマー ････････････････････････ 86
ポリメチルメタクリレート ･･･････ 110
ボルタモグラム ･････････････････ 146
ボルタンメトリ ･････････････ 144, 146
ホローカソード（HC）放電 ･･････ 51

【ま 行】

マイクロアクチュエータ ･････････ 117
マイクロコンタクトプリンティング ･･ 90
マイクロ天秤法 ･････････････････ 250
マイクロ波放電 ･･･････････････ 16, 50
マイクロリアクタ ････････････････ 92
枚葉式 ･･････････････････････････ 70
膜 ････････････････････････････････ 1
膜厚 ････････････････････････････ 249
膜厚評価 ････････････････････････ 249
マグネトロン ･･････････････････ 60, 62
マグネトロンスパッタリング ･･ 62, 63
膜の構造 ･････････････････････････ 58
マスク ･･･････････････････････ 94, 95
摩耗特性 ････････････････････････ 225
マルチアークイオンプレーティング ･･ 51
回り込み性 ･･･････････････････････ 54
密着（付着）性 ･････････････････ 133
密着性 ･･････････････････ 24, 54, 179

密着性評価	250	陽極酸化	32
ミラー	118		
メカニカルブースタポンプ	10	**【ら 行】**	
メカノクロミズム	125	ラジカル	12, 13, 77, 98, 105
めっき	2, 30, 31	ラジカルエッチング	93
面積抵抗	185	ラジカル窒化	103
毛細血管	166	ラマンスペクトル	176
モスアイ（moth-eye）構造	120	ラマン分光	174
モノマー	83, 86, 87	リソグラフィー	90
		立体培養	164
【や 行】		立方晶窒化ホウ素	113
薬品洗浄	25	リモート方式	77
ヤング率	223	リン酸亜鉛膜	157
有機化合物	75	リン酸ジルコニウム化成処理	232
有機金属化合物堆積法	130	レーザアシストエッチング	93
有機金属気相エピタキシー（MOVPE）	263	レーザアブレーション	229
有機シラン化合物	198	レーザアブレーションエッチング	93
有機シラン系SAM	199, 201	レーザ加熱	40, 41, 42, 76
誘電体バリヤ放電（DBD）	234	ローイーガラス	118
誘電体膜	130	ロータリポンプ	9
指洗浄	25		

◎編者紹介：関東学院大学　材料・表面工学研究所

　関東学院大学は、戦後いち早く学内に事業部を立ち上げ、バンパーを中心としためっき技術の産業化に成功した。その10年後、世界に先駆けプラスチック上のめっきの工業化に成功し、トヨタ自動車にその技術が採用され、一躍脚光を浴びることになった。一方、プリント基板製造においても、エポキシ樹脂やフェノール樹脂に銅で配線された片面板が主流であったが、当事業部で開発したプラスチックへのめっきが、両面を接続するスルーホールめっきに応用され、事業部は両面板の回路製造も手がけるようになった。このように、関東学院大学は、50年以上も前からキャンパス内にめっきを中心とした工場を持つ大学として評価されていた。ところが、1960年代に入り、学園紛争が全国的に起き、産学協同への反対運動のため、大学の事業部は解体され、1969年に大学が筆頭株主になり、関東化成工業株式会社を立ち上げた。いわば大学発ベンチャーの走りである。株式会社になってからも、大学から出た会社のため、めっきに関する技術開発は大学の研究室と共同で進めた。このように、関東学院大学は工場を持つ大学として、さらには産学協同のルーツとして大きく評価されるようになっている。

　関東化成工業株式会社は大学が設立した企業のため、新規の技術開発の必要性を十分認識し、会社設立30周年の際、研究所を立ち上げたいとの機運が盛り上がり、今から18年前に関東学院大学表面工学研究所（当初は有限会社、その後、株式会社）を、会社の工場敷地内に設立した。その研究所ではめっき技術を中心にした研究開発を手がけた。8年前に、大学単独で中立で公正な研究所を立ち上げるため、関東学院大学材料・表面工学研究所が、大学の総合研究推進機構内に設立され、横浜市金沢区の横浜市工業技術支援センター内に研究拠点を置いた。当研究所では、ウェットプロセスであるめっきとドライプロセスとしてのスパッタリング、イオンプレーティング、CVDなどやプラズマ処理技術の研究開発を、さらに最近では食品材料開発も手がけている。

　2018年4月に、大学からの要請により、横浜市より小田原市内の本学湘南・小田原キャンパス内に移転し、民間企業への技術供与を含め研究活動を推進している。なお、大学院工学研究科総合工学専攻博士後期課程材料・表面工学専修（博士号取得）および物質生命科学専攻博士前期課程材料・表面工学専修（修士号取得）が設置され、社会人を含めた教育活動を行っている。また、文部科学省「職業実践力育成プログラム（BP）」認定の「材料・表面技術マイスタープログラム」（1年コース）も進めている。

連絡先：
〒 250-0042　神奈川県小田原市荻窪 1162-2
TEL：0465-32-2600（代表）、FAX：0465-32-2612
URL：http://mscenter.kanto-gakuin.ac.jp/
Email：seminar@kanto-gakuin.ac.jp

◎執筆者紹介：高井　治（たかい　おさむ）
関東学院大学　材料・表面工学研究所　所長

技術大全シリーズ
ドライプロセス表面処理大全

NDC 566.7

2019年3月28日 初版1刷発行

定価はカバーに表示してあります

Ⓒ 編　者　関東学院大学 材料・表面工学研究所
　 発行者　井水 治博
　 発行所　日刊工業新聞社
　　　　　〒103-8548　東京都中央区日本橋小網町14-1
　 電　話　書籍編集部　03（5644）7490
　　　　　販売・管理部　03（5644）7410
　 FAX　　03（5644）7400
　 振替口座　00190-2-186076
　 URL　　http://pub.nikkan.co.jp/
　 e-mail　info@media.nikkan.co.jp
　 制　作　㈱日刊工業出版プロダクション
　 印刷・製本　美研プリンティング㈱

落丁・乱丁本はお取り替えいたします。
2019 Printed in Japan
ISBN 978-4-526-07968-9　C3057

本書の無断複写は、著作権法上の例外を除き、禁じられています。